陕西出版资金资助项目

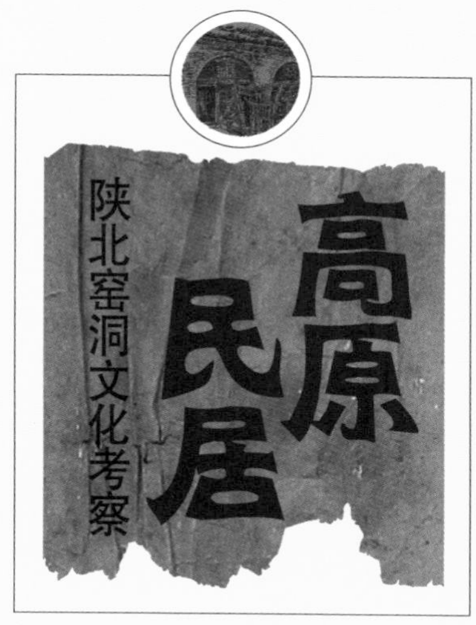

高原民居

陕北窑洞文化考察

延安大学2016年学术专著出版经费资助项目

王文权　王会青◎著

GAOYUAN MINJU

SHANBEI YAODONG WENHUA KAOCHA

陕西师范大学出版总社有限公司

图书代号　SK16N1078

图书在版编目（CIP）数据

高原民居：陕北窑洞文化考察／王文权，王会青著．—西安：陕西师范大学出版总社有限公司，2016.9

ISBN 978-7-5613-8626-2

Ⅰ．①高…　Ⅱ．①王…　②王…　Ⅲ．①窑洞—民居—介绍—陕北地区　Ⅳ．①TU241.99

中国版本图书馆CIP数据核字（2016）第221829号

高原民居——陕北窑洞文化考察

王文权　王会青　著

责任编辑　梁　菲
责任校对　杨　杰
封面设计　尚书堂
版式设计　前　程
出版发行　陕西师范大学出版总社有限公司
（西安市长安南路199号　邮编710062）
网　　址　http://www.snupg.com
印　　刷　陕西金和印务有限公司
开　　本　700mm×1020mm　1/16
印　　张　15.5
字　　数　200千
版　　次　2016年9月第1版
印　　次　2016年9月第1次印刷
书　　号　ISBN 978-7-5613-8626-2
定　　价　45.00元

读者购书、书店添货或发现印刷装订问题，请与本公司营销部联系、调换。
电话：（029）85307864　传真：（029）85303879

前言

说陕北，离不开黄土高原；说黄土，离不开窑洞建筑。

窑洞建筑，作为生土建筑的主要类型，是陕北最普遍的人居建筑。窑洞源于原始人藏身的山洞石穴，是人类最早居住的形式之一，经过千百年的发展，形成了用不同材料修建的窑洞，是祖祖辈辈在这里繁衍生息的民众的美好家园。可以说，陕北窑洞建筑史，就是陕北的文化史。

陕北黄土高原是中华民族的发祥地之一，在中华民族历史上占有重要的地位，为中华民族的发展做出了巨大贡献。窑洞属于中国居住文化四大类型之一的地穴式建筑，也是黄土高原历史文化的重要载体，承载着浓郁的乡土文化、丰富的生活哲理和人居文化思想。作为人类一种古老的民居，一种文化生态，窑洞的产生和构建表现了劳动人民的聪明才智和创造能力。窑洞是非常好地利用生土材料营建主体结构的建筑，其特点是就地取材，利于再生，自然循环，便于自建，造价低廉；优点是节约土地，冬暖夏凉，没有噪音，有利于生态平衡，抗震无辐射，无须专门的设计人员。一般土窑只要一直有人住，寿命可以在800年以上，砖石拱窑甚至可以达到千年以上。窑洞是人与自然生态相结合的典范，在我国人多地少的现状下，具有节约土地资源的重要意义，同时，也可避免对生态环境的破坏。窑洞是黄土高原的产物，是陕北人民的象征，也是陕北人民的精神产品。

窑洞的形成受自然环境、地貌特征和地方风俗的影响，因而有了不同形式的窑洞。窑洞是陕北文化发展的源泉，是农耕文化的重要创造，历史悠久，源远流长。它派生出了陕北民歌、陕北道情、陕北说书、陕北秧歌、陕北剪纸、陕北绘画、陕北腰鼓等具有影响力的文化类型，这些载体记载着自古以来陕北人在生存发展过程中最基本的生活经验与愿望，体现着陕北人的精神品格。窑洞建筑，作为陕北文化的象征符号，世世代代造福于人民。陕北人民崇拜窑洞，也依恋窑洞。而窑洞的意义远远超出了文化和民族的范畴，它是对人类居住方式极为重要的一大贡献。调查和改进窑洞民居就是保护一个地区的文化，保护自然生态可持续发展，为人类做贡献。可以说，窑洞是居住建筑的母体，没有哪个建筑比它更生态，更益于健康、科学合理、经济环保，更节省土地资源。考察陕北窑洞建筑就是让更多的人关注、重视窑洞，了解窑洞对人类的贡献，明白窑洞健康、生态、环保、自然循环的可持续性，以及窑洞的文化性、知识性。简单地说，黄土和窑洞建筑的科学开发、利用，大有可为。

本书既是对窑洞建筑的考察，又是在讲述先人们的窑洞生存故事。内容涉及窑洞的方方面面，几百幅各类窑洞图片第一次问世，其数量之多、内容之丰富，是目前国内外同类著作难以企及的，其中所包含的黄土文化符号具有非常高的审美和收藏价值。可是，如此璀璨的历史文化瑰宝正在不断遭到无情的毁弃，这必须引起国家、社会和相关专家学者的高度重视并加以保护。窑洞建筑遗存是人类文明的重要标志，是人类历史的创造，是一次性的，失去了就不会再生。窑洞建筑是观察当时社会十分有趣的万花筒，多姿多彩的文化有着居住以外更加广泛的意义，因此从民族、社会、历史、建筑、文化、宗教、艺术等方面来讲，都显得弥足珍贵。

窑洞建筑鬼斧神工，显示了前人智慧的灿烂与博大，现代人对此知晓甚少。留存经历漫长历史的窑洞建筑并延续下去，就是我十几年来如苦行僧般行走在广袤的高原大地，受得艰辛，耐得寂寞，锲而不舍地追寻传统建筑的动力源泉。能够将这些黄土文化精品整理、出版、传播就是我的愿望，也是一件非常有益的事情，期望在某种程度上能够提升民族素养，促进经济社会发展，上对得起古人，下对得起后人。

希望通过本书，产生更多有益于窑洞建筑发展的新理念、新创造，使古老的窑洞焕发新的生机与活力，成为生土建筑的领军者。了解陕北古老的历史文化，特别是古窑洞村落带给人们的文化艺术思考，记住窑洞给大自然、给人类社会的恩惠。有窑洞在就有依托，就有田园故事。在这种生态中生活、繁衍，健康向上的窑洞文化之树就会更加枝繁叶茂。

目录

第一章

窑洞：建筑艺术的起源与变迁

陕北自然地貌与生态

陕北地区，是黄土高原的腹心地带，处于黄河流域中部，属于华北陆台鄂尔多斯地台的主要组成部分，也称陕西构造盆地，总面积近 10 万平方公里，南北相距 500 余公里。东至山西吕梁山脉，西界宁夏贺兰山，北界阴山山脉，南界黄龙山脉。是黄河治理工程和国家退耕还林工程的重要地带之一。陕北高原形成于二三百万年以前的更新世时期，其地貌主要由黄土高原沟壑区，黄土塬、墚、峁、坪地、黄土丘陵亚区组成。陕北地区年平均气温 7.7—10.6℃，年平均降水量为 490.5—663.3 毫米，四季分明。

陕北地貌

陕北山墚地貌

黄土是第四纪时期形成的土状堆积物，分布范围很广。从全球范围看，主要分布在中纬度干燥或半干燥的大陆性气候环境内。我国黄土集中分布在北纬 34°—40°，东经 102°—114° 之间，即北起长城，南界秦岭，西从青海湖，东到太行山，面积约 30 万平方公里，地理上称为黄土高原。本区除了一些基岩裸露的山地外，黄土基本上构成连续的盖层，厚度为 100—300m，形成特殊的地貌。其中，陕北地区厚度最大，黄土地貌发育较为成熟。

黄土塬为顶面平坦宽阔的黄土高地，又称黄土平台。其顶面平坦，边缘倾斜 3°—5°，周围沟谷深切，代表黄土的最高堆积面。目前，面积较大的塬有陇东董志塬、陕北洛川塬和甘肃会宁的白草塬。

黄土墚为长条状的黄土丘陵。墚顶倾斜 3°—10° 者为斜墚，墚顶平坦者为平墚。丘与鞍状交替分布的墚称为峁墚。平墚多分布在塬的外围，是黄土塬为沟谷分割生成，又称破碎塬，如志丹、子长、延长等。其墚体宽厚，长度可达数公里至数十公里，是黄土堆积过程中沟谷侵蚀发育的结果。

黄土峁为沟谷分割的穹状或馒头状黄土丘。峁顶面积小，以 3°—10° 向四周倾斜，并逐渐过渡为坡度为 15°—35° 的土坡。若干个山峁排列在一条线上的为连续峁墚，单个的叫孤立峁。连续峁墚大多是分布在河沟流域的分水岭，由黄土墚侵蚀演变而成。孤立峁多是在黄土堆积过程中受自然物的侵蚀而形成，或是受黄土下伏基岩面形态控制生成。

黄土沟谷有细沟、浅沟、切沟、悬沟、冲沟、坳沟（干沟）和河沟等七大类。前四类是现代侵蚀沟，后两类为古代侵蚀沟。由于黄土地貌受气候影响变化无明确规律，确切的区分很难定论。冲沟有的属于现代侵蚀沟，有的属于古代侵蚀沟，时间的分界线大致是中全新世（距今 3000—7000 年）。

陕北黄土地貌是黄土堆积过程中遭受强烈侵蚀后的产物。风是黄土堆积的主要动力，侵蚀以雨水作用为主。现代侵蚀是指人类历史中近期发生的地貌自然侵蚀过程，它和古代侵蚀的主要区别是掺杂了人为因素，造成了侵蚀速度的加快。古代侵蚀纯为自然侵蚀，侵蚀速度通常较为缓慢。

黄土是适于植物生长的一种土质，具有直立性，为现代人建筑住宅提供了有利的条件。但是，严重的现代侵蚀破坏了陕北的自然资源，给工农业生产快速发展形成阻力。大量泥沙入河，淤塞河道，妨碍水力资源顺利开发，并使下游河道经常泛滥成灾。所以，历史上对黄土地貌的改造次数很多。然而，改造黄土地貌是一项十分复杂和艰巨的工程，首要任务是合理科学地控制水土流失。方法多是增加地面植被，削减地面坡度，抬高局部侵蚀基准面，如在坡耕地修筑水平梯田、谷底修筑拦水坝、在非耕地造林种草等。改造利用都因地制宜，陕北地区主要采取固沟、护坡、保塬，“坡修梯田沟筑坝，峁顶谷坡搞绿化”的办法。

中华人民共和国成立以来，改造黄土地貌的工作已经取得了很大成绩，特别是国家实施退耕还林政策以来，大兴水利，许多坡耕地种树种草，

陕北黄土峁

黄土沟壑

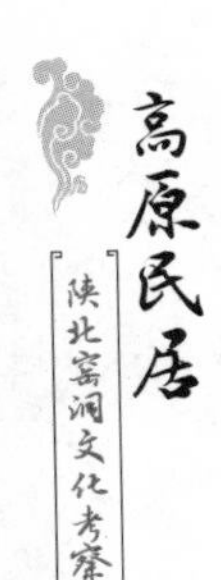

填沟造地。目前陕北地区，已有40%面积的侵蚀被基本控制，特别是无定河的输沙量已较20世纪50年代减少了50%，出现了许多控制侵蚀、发展农业生产的典型区域。但是，要想大面积地控制水土流失，还需政府、群众长期不懈地治理。

远古穴居遗风

远在五六千年以前，陕北大地气候温暖湿润，雨量充沛，到处是茂密的森林和广阔的草地。成群的大角鹿、野马、虎豹、野牛等如今在亚热带才能看到的动物，也在陕北的林间和草地上出没。这里宜渔宜猎，宜农宜牧，是原始人类理想的繁衍生息之地。据近年来文物普查的结果得知，在秀延河、洛河、延河、无定河流域两岸的一、二阶台地上，仰韶文化遗址星罗棋布。其中，仰韶早期的遗存较少，而与黄帝部落文化对应的庙底沟类型和半坡晚期类型的较普遍，特别是庙底沟类型遗址更为常见。据资料显示，陕北仰韶文化的比例，远远高于全省其他地区。到了新石器时代晚期，陕北境内的龙山文化遗址猛增，约占全省同类型遗址的64%，特别是榆林地区，这里的龙山遗址猛增到仰韶遗址的5.7倍，成为分布最广泛的人类活动遗迹（引自《中国文物地图集·陕西分册（上）》）。也正因为如此，学术界大多数专家认为，黄帝部落发祥于陕甘高原。他们在这最适宜人类居住的环境中不断发展壮大，开创了中华文明的第一篇章。后来逐步向东迁徙，渡过黄河，发展到河南、河北，融合了炎帝和蚩尤部落，完成了上古时期三大部落的联合，奠定了华夏一统的基础。

人类历史的绝大部分是没有文字的史前文化时期，所以，关于穴居的记载只能通过古籍的只言片语来旁证。古人类在100万年以前就在地面定居生活了。比如山西芮城一带，远在70万—80万年以前曾繁盛一时，仅在13.5平方公里的范围内就发现居住遗址13处之多。

生活在黄土高原地区的祖先们，模拟自然，仿兽穴居。其中，最大的天然优势条件就是黄土的特性因素——易挖掘，冬暖夏凉，便于防守。根据资料，能打磨制造石器工具的古猿人是在距今100万年以前，但真正有实物佐证的石器挖掘洞穴是50万—60万年以前。陕北神木石峁遗址就可以算是聚落式的龙山文化洞穴的有力见证。

上古人类的居所，抵御风寒雨雪，保护群落生民不受野兽毒虫侵害，防洪、防湿、防潮、防瘴气是其初衷，是其最基本的需求。正如《韩非子·五蠹》中所言“人民少而禽兽众，人民不胜禽兽虫蛇”。穴居始于50万—100万年前，是人类发展史上一大飞跃。会用火，并会把火种保存起来，这样才有可能在天然岩洞中定居下来。“天地开辟，有天皇氏，地皇氏，人皇氏。或冬穴夏巢，或食鸟兽之肉。”（《帝王世纪》）晋代戴逵在《杂义》中也说原始人“披榛而游、遇穴而处，男无定居，女

石峁遗址

无常止。”可见，这时人类祖先还处于巢、穴相杂的游走状态。实际的情形是，人类在自觉地筑巢和掘穴之前，在遮风避雨，抵御严寒，防止洪水猛兽袭击的本能防卫方面，是与类人猿、类猿人同时发生、同时并存的。不过，那是在旧石器时代之前的远古时代，先民们依靠并利用自然环境做到了这一点。天然的石洞既是原始初民最早本能的居住选择又是改造自然的雏形。而利用工具凿洞，则是在旧石器时代以后发生的。比如米脂县山中有一尖形黄土锥，锥底有一洞，名为“貂蝉洞”。这里要说的是，貂蝉洞或为天然的水滻洞，或为人工所掘，不是仿兽穴居，多为极原始的人工穴居。此洞至今仍为牧羊人和田野劳作的人们躲避风雨的地方。

到北京人时期，情况始有变化。1929 年，我国考古工作者裴文中教授在北京周口店龙骨山山洞里发现了更新世中期，属旧石器时代、距今大约 70 万年的远古人类头盖骨，定名为“北京人”。北京人具有现代人类的基本形态。他们已经把天然岩洞作为定居之所。从洞穴内发现的木炭、灰烬、烧骨、烧石等痕迹表明，北京人已经能够初步使用火种且会把火种保存起来，由此可以证明他们已经摆脱了“遇穴而处，男无定居，女无常止”的游走阶段。而之后在这个龙骨山的顶部洞穴里，又发现了距今约 18000 年的人类头骨，定名为“山顶洞人”。他们会使用打制的石器，会进行渔猎和采集食物的生产劳动，会人工取火。山顶洞人已经进入原始社会的氏族公社时期。而山顶洞正标志着原始初民本能的穴居选择。

1998 年，我国考古工作者又在郑州荥阳崔庙乡王宗店村北的半山坡上发现面积达 600 平方米的旧石器时代人类穴居遗址，出土约 20000 件旧石器，约 20000 件古脊椎动物化石，17 处用火遗迹，其中一处灰烬厚达 3.5 米，号称“中国第二洞”，这很好地证实了穴居的存在。但不论是山顶洞人或王宗店洞人都已过定居、用火的生活，所居之洞略有改造，但穴毕竟还是天然的，从本质上看并未有人工凿穴的实质性突破。而王宗店洞是跨越新旧两个石器时代的复合洞，洞中还有距今约 8000 年的裴李岗文化遗存。裴李岗文化遗存表明，居民已能自觉地营造穴居、半穴居的住所。有窑穴以储藏物品，证明人类洞穴居住从本能的自发转向有目的的自觉营造。只有在这时，人类才真正完成了“陶复陶穴”。更重要的是，北京周口店龙骨山正处于黄土高原的东北边缘，此处的黄土层并不完整，而郑州正处于黄土高原的东南边缘，这一切足以说明窑洞民居的历史渊源和黄土高原密不可分。穴居分竖穴和横穴，很难说清哪个早哪个晚。而半穴式居室的出现说明人类逐渐变得智慧起来。

陕北窑洞变迁

商周之际，陕北黄土高原的生态环境还没有遭受过大的伤害。商代的鬼方，主要活动在陕北高原，他们以畜牧业为主，也经营一些原始农业，区内谷、麦、菽、桑、麻、果等已广泛种植，养殖家禽家畜的生活方式也早已形成。周代，代之而起的是猃狁，同样也以畜牧业为主。其活动范围很大，军事能力十分强大，曾一度成为周王朝北边的劲敌，双方长期战争不断。生态环境，广阔的森林草地，自然是他们赖以生存并发展壮大的基础。时令节气，到了周朝时发展到了 8 个。先人在山坡上模仿天然洞穴开凿出横穴式窑洞，挖窑应该就在陕北地区最早出现，但是窑洞也很可能只有统治者才能拥有，奴隶们仍住在地穴中。从原始的凿穴而栖演进为商朝时的挖窑而居，经历了漫长的岁月。可以说人类居住文明的起源，就是始于黄土高原的穴居。

春秋战国时代，陕北高原山清水秀，中原人口大量迁入促进了农业生产的发展。《春秋》庄公三十二年记载：“冬，狄伐邢。”这是《春秋》中第一次出现狄的记载。北方曰狄，衣羽毛穴居，确切地以“戎”作为

族称始于周人。出于战国人之手的《尚书·禹贡篇》中，有“既修大原”之句。这个“大原”据顾炎武《日知录》中说，在今陕北毗邻的甘肃省的陇东塬。以“大原”为名，当是形容塬的广大，绝不是目前所见的沟壑纵横的大峁长墚。而下沉式窑洞也有可能有了雏形或堆土挖洞。从横山县魏家楼青龙山遗址、吴堡县后寨子峁遗址来看，至少能证明，半穴式、石砌窑在这之前就已形成。

秦汉时期，因为有秦始皇修驰道、筑长城这样浩大的工程，所以对陕北的地貌、生态环境造成了一定程度上的破坏。这一阶段，二十四节气已完全确立。西汉时，尽管存在大量的屯垦成边、移民实边，但是多为局部小范围的行为，故而，对陕北生态环境并没有造成根本性破坏，简陋的窑洞、草棚也一直被民工使用。西汉初期，当时的黄河还被称之为河水或大河，没有“黄”字一说，说明西汉以前，黄河及其支流的泥沙流失量还是很小的。西汉以后，提倡早婚，减轻田租，劝民归田，鼓励农耕。由于过度开发，植被破坏，大量的泥沙流入河中，河水变得浑浊了，所以《汉书》卷十六《高惠高后文功臣表第四》中称河水为“黄河”

秦直道

（这是“黄河”之名最早的文献记载）。尽管如此，当时陕北的生态环境仍然是比较好的。放眼望去，黄土高原大体上还是一片平整的面貌。东汉的虞诩说，安定、北地、上郡“沃野千里，谷稼殷积”。这里的上郡就指的是位于榆林的鱼河堡周围。当然，这并不意味着当时不存在水土流失的情况，只是说破坏的规模与范围远不及后来那样波及范围广、破坏力大。此时依然是林草广布，土壤侵蚀程度较轻，塬面宽阔，畜牧为天下饶，土壤肥沃的景象。由于砖瓦石的大量使用，人们也会使用券，所以箍窑就自然出现了。也因为修长城夯地基，土坯窑也形成了。在古籍中首次出现“窑”字，是《十六国春秋·前秦录》，记载：“张宗和，中山人也。永嘉之乱隐于泰山……依崇山幽谷，凿地为窑，弟子亦窑居。”在陕北广大地区，到处都可以看到秦汉时期的大砖，由于烧砖的窑异常坚固，因而砖城墙、砖窑遗址、农牧业遗址均有出现。

到了魏晋南北朝时期，重视农桑，继续减轻赋税，奖励农耕。当地石工匠技术达到了很高水平，凿石窟、挖窑之风遍及各地，陕北也不例外。南北朝时期，均田令的颁布，保证了农户得到一定土地，居住环境、生

志丹千年老窑

富县千年老砖窑

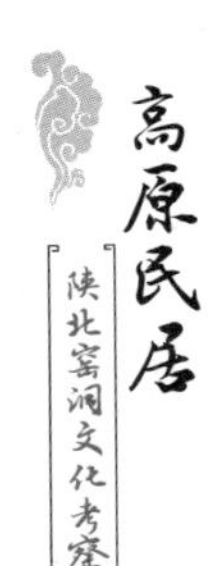

活条件得到前所未有的改善。生产工具主要有木锨、连枷、镢头、镰刀等。饮食主要有火烧、手抓羊肉、米酒、硬面干烙、剁荞面、炉馍、黄米饭等。羌、氐、匈奴、鲜卑等北方游牧民族大量进入陕北高原。尽管后来他们大部分演化为定居的农耕生活，但由于人口规模小，一部分仍保留以畜牧为主的经济，对于土地的需求就相对较小，陕北一部分农耕地后来恢复为草地、树林，林草植被也得到了很大程度的恢复，河水随之也变得清澈透底。如今流量不大的延河，当时被称为清水河，过河仍需渡船，至少说明有一定的泄流量。树少鸟稀的靖边县统万城一带，在十六国时期却是水草肥美、农牧并重、人口不断增长之地。赫连勃勃被这里的景象所倾倒，赞叹说："美哉！临广泽而带清流。吾行地多矣，自马岭以北，大河以南，未之有也。"于是，他决定在这里修筑都城，这样，便有了我国北方最早、最著名的大夏国都城——统万城。长城土窑也随处可见，军队、贫民均有居住。而石拱技术也达到了前所未有的水平，地下窟室、窑洞建造进入兴旺阶段。

隋、唐两代是中国封建社会前期发展的高峰，隋王朝采取了户口增殖，提高生产力的措施，实行析户法。给农户提供修建住所的时间和土地，土窑建筑迅猛发展，农耕地也大幅度扩展。陕北是安置内迁的党项、吐谷浑等游牧民族的主要地区。党项聚居地以夏州和银州（今靖边、横山）为中心向四周扩散，是以后的西夏党项拓跋氏的发祥地。而吐谷浑则在浑川河（今杏子河）和窟野河两岸定居。这些内迁的游牧民族也是以畜牧为主，虽然逐渐改为半牧半耕，但隋唐中叶以前，白于山的南北、横山山脉以南却依然保留有大片草地和森林。古建筑也进入了成熟期。宫殿庙宇、砖窑建造得以盛行，陕北地区现存的唐代窑洞仍可住人。宋、夏对峙时期，由于双方长期的拉锯争夺与防御屯守，消耗了大量的环境资源，环境开始严重恶化。但是各类建筑并未受到影响，反之，长城土窑、石砖接口窑随之出现。官府开始大量修窑建粮仓、防御等。

长城窑洞　张勋仓摄

元、明、清时期是陕北生态环境彻底遭受破坏的时期。由于移民过多，移民大量屯垦，糜、谷种植过多导致土地退化严重，南部仅剩下零星的林区。如洛河中游的富县、洛川、黄陵，延河两岸的延安、延长以及黄河大峡谷南段的延川、宜川，因距明军长城防线较远，还有大小不等的林区。各处的森林均以松柏居多，间以杂木。黄河以西至黄龙山，林区面积广大，走在山林间的行人难以辨别其行程的远近。与黄龙山相邻的洛川、黄龙、富县、子午岭植被也较好，森林茂密。据明清史料描述，由鄜州西望，山上浓绿的树林可以与天空的云相辉映（康熙《鄜州志》引唐龙《子午岭》诗），《中部志》也记载黄陵西山到处是巨壑茂林。陕北北部大部分地方则变成荒山秃岭，青山绿水已不复存在。但是，石窟文化丰富，颇具特色，传统的窑洞建筑在陕北得到了发扬，民居开始大量使用砖瓦材料。砖瓦门楼、砖拱窑洞在陕北各地随处可见，资料记载窑洞住所也较为频繁。富人、官府也开始修建窑洞庄院、窑洞聚落、城镇等，如榆林城、府谷镇、米脂镇、瓦窑堡镇、乌镇、佳芦镇、神木镇、怀远镇、秀延镇、义合镇、鱼河镇、姚店镇、蟠龙镇、隆坊镇等上百个镇堡。

实际上，相较于其他朝代，窑洞建筑最辉煌的时期应属明末清初。由于明代的建窑技艺已经相当成熟，大量的宫殿建筑显示出当时我国在居所建造方面的成就，而到了清代，一方面延续着明朝的工匠技艺，另一方面又融合了少数民族在建筑方式、装饰手法等方面的优长。这样一来，清朝由上自下将宫廷建筑的审美追求、实用性操作等逐步普及至民间，窑洞建筑在汉族和其他民族的建造工艺与技法上区别不大。

姜氏庄院是在清同治十三年（1874）间，由当地首富姜耀祖专门请北京的建筑专家设计，耗巨资，历时 13 年（又说 16 年）完成的。整座

姜氏庄院

庄院不论是建筑设计，还是用材方面，都十分讲究。前去参观姜氏庄院的人很多都是国内外颇具影响力的建筑设计专家，他们参观之后，无不惊叹。可以说，姜氏庄院大到整体的布局风格、大型雕工，小到一件微小的装置，每一处细节都将砖、木、石三雕艺术发挥得淋漓尽致。这些无不显示出当时建筑专家和主人精深的传统文化修养以及深厚的建筑思想底蕴，也反映出当时我国窑洞建筑技艺已经成熟，并达到了顶峰。曾一度有人提出设想和建议，将姜氏庄院的全貌进行科学测量，以一比一的比例在北京复制。这么做除了具有学术研究的价值外，还可以扩大窑洞建筑在国内外的影响力，能使更多的人去参观和学习了解。遗憾的是，到目前为止，这一设想仍未能付诸实施。

另，米脂县杨家沟马氏家族、常氏家族，绥德党氏家族，佳县木头峪的窑洞建筑群落会在后文典型明清窑洞建筑中细述。

除了以上提及的窑洞，还有一处位于山西省汾西县城 5 公里处的师家沟。这里分布的清代窑洞民居群兴建于乾隆三十二年（1767），迄今已有 200 多年的历史。其间，历经几代人的精心修筑、扩建，目前已形成总面积 50000 多平方米的窑洞群落，整体建筑风格具有山西民居的特色。

山西地处黄土高原，土质坚硬，在这里开挖洞穴不易倒塌，加之此地的木材产量供给不足，交通又不便利，因此，在山西地界上，特别是广大山区，窑洞就显得十分安全、实用，成为当地民居建筑的主要形式。据在山西垣曲县曾发现的土窑洞遗址显示，山西这一地区的窑洞历史可上溯到新石器时期。那时，已有单间、双间、半地穴式、平地横挖等各种式样的窑洞及窑洞群存在。故而，清代窑洞留存于此，也不是稀奇之事。

民国时期陕北住宅可以说全是窑洞，土窑约占 80%，石窑占 20%。由于土地私有，选宅基地不分阳背。窑洞建造的类型也主要是顶门窗土窑、大门窗接口窑、大门窗石窑、大门窗土壑窑四类。

顶门窗土窑，多为光景不好，做不起窗子的人家。窑面处理好后开高 3 米、宽 0.7 米的长方形口，1—2 米后旋成深 7 米的拱形窑，内有土灶台、土炕。0.7 米见方小窗，虽然保温，但在没有通电的年代，窑内采光极差。顶门窗土窑若只看外观，怎么也不会联想到内部大的使用空间。可以说顶门窗土窑算是当时最为落后的陕北人居所。

大门窗接口窑，多为光景较好的人家修建。一般待窑面处理好后用石块箍 1.8 米深浅的窑口，窑口里再打相同口径深 5—7 米的土窑。大门窗接口窑的保温性能不如顶门窗土窑，但采光好于顶门窗土窑许多，是当时陕北人家较为普及的一种。

大门窗石窑，是纯粹用石头箍成的高 3.6 米、宽 3.4 米、深 7—9 米的拱形窑洞，土炕另盘。此类窑多为取石便利的地方或光景好的人家修建，保温隔热较前两类都差一些，但美观，采光、通风都很好。在我国新民主主义革命时期，党中央和毛主席就是在陕北的石窑洞里生活、战斗了 13 年，为中华人民共和国的建立奠定了坚实的基础。

大门窗土墼窑，在陕北许多地方由于土质或无山依靠不能挖洞，人们只能用麦秸、黄土和泥做坯，晒干后箍窑。这种窑属纯土结构，年年都要泥草抹面，最怕秋雨绵绵。

新中国成立后，陕北人修建窑洞的水平有了很大提高，顶门窗土窑、大门窗土墼窑逐渐淡出人们的生活，一些地方以砖代石的砖窑洞、薄壳窑得以兴盛，特别是 1960 年和 1980 年是两个修建石窑、砖窑的高潮年份。特富户修四合院，或者三孔一院并修楼门，多数人家朝着“三孔窑洞砖面面，油漆炕围花边边”发展，一些机关、学校也修建窑洞，薄壳窑作为办公使用。

现如今，陕北人居住的窑洞发生了很大变化。多数人住进了高楼或平房，住窑洞的少数人也将窑洞修建得格外美观漂亮。四合院宽敞明亮，不再是旧时的“箱式”“暗窑”，和过去的窑洞最显著的区别是窑脑基

石窑村落　雷东平绘

高原土窑　刘武宏绘

本都以各种瓦砾铺面、斜坡屋顶，一是美观，二是利水，三是保温又隔热。窑洞类型有砖箍窑、石箍窑、砖石面土窑、砖石面接口窑。陕北窑洞居住区最大的变化是植被的恢复和林草的覆盖，医疗、购物、交通、水电、通讯、网络和城镇无二样。短短的十余年，陕北退耕还林、填沟造地、封山禁牧使这块黄土地又焕发了生机，人们的生活逐渐富裕，人居环境得到前所未有的改善。不变的是陕北人浓浓的朴素的人文情怀，土炕待客，盘腿吃饭，木盘上菜，米酒油馍，南瓜红枣招待客人。近几年随着世界各国和全国各地观光、体验生活的潮流兴起，感受窑洞民居的游人逐年递增，总少不了住窑洞，睡土炕，吃农家饭，赏陕北社火，学陕北方言和信天游。可以说现在的陕北窑洞居民通过种植林果、养殖、局部耕种等，生活条件、经济收入、幸福指数已达到或超过全国的平均水平。

实践证实，窑洞自身的确具有适宜建筑的特殊属性，具备其他建筑

枣园石窑　王文权绘

形式所不能替代的优势，最符合生态建筑原则。也是由于受当地缺乏造房建屋资源的限制，挖窑洞就成为有史以来陕北高原最佳的解决居住生活的方法，并一直延续至今。

200年的石窑

具体地讲，窑洞建筑的显著特征是能够充分利用当地丰厚的黄土层，因地制宜地建造。由于窑洞是在地层中间挖就的，既不占用耕地，施工程序又简易，既不借助梁、檩、椽、柱等木材，也不采用大量的砖瓦和其他现代建筑材料，所以，窑洞在修建的过程中花费较少，因此选择窑居除了保温隔热外还经济耐用。人居住在黄土建造而成的窑洞里舒适温馨，而且能够和滋养我们的大地一气贯通，仿佛孩子偎在母亲的怀抱里，有一种安谧感。因此，建筑学家称窑洞是“文明建筑”“原生态建筑”。一方面，意在强调窑居就地取材，经济节能，不破坏自然生态，适应气候；另一方面，也说明窑洞建筑不是与自然相疏离，而是一种与大自然相互包容、互生共融的存在形式，有田园特质。基于此，我对窑洞建筑的理解：窑洞保暖舒适，自然形成了一种最具暖意的窑洞文化。如今，虽然陕北乡村许多窑洞被遗弃，显得落寞而孤独，村落边、窑洞前，少了往日的热闹，只留下窑洞曾经的温存和人们的记忆，但只要你走进这些窑洞，总是会感受到浓烈、质朴、满溢着生命的幸福。不同季节里的炊烟中会散发出不同的柴火味道，有一种流浪之后的归属感。这便是骨子里的那份窑洞情结，让人感怀，让人无法背离。

黄土地区窑洞建筑遗址

陕北窑洞的历史可以追溯到5000多年前的龙山文化时期，随着历史的发展，不断有其他的建筑形式出现，但窑洞一直被发展沿用下来。隋唐时期黄土窑洞开始被官府用作粮仓，如大型粮仓——含嘉仓，就是与隋代东都洛阳同时修建的。宋朝时，郑刚中在他的《西征道记》中有对陕北、陇东、晋中、豫西几大窑洞区的记载。窑洞还曾经作为道家的练功修身之地，如陕西宝鸡金台观张三丰元代窑洞遗址。到了元朝，出现了另一种形式的窑洞——砖石窑洞。而窑洞建筑最辉煌的时期应属明清时期。在陕西榆林，有两处规模宏大的清代窑洞建筑群，一处是位于米脂城郊的刘家峁姜氏庄院，它被称作是中国窑洞建筑史上一个少有的奇迹；另一处是米脂杨家沟马氏家族窑洞建筑群落，其中被称为新院的建筑，既体现了西方建筑的典雅，又反映了窑洞建筑的雄浑大气，堪称中西风格结合的典范。

后寨子峁遗址　距今4800年前后，在河流飞瀑森林蓊郁的陕北的崇山峻岭中，生活着一群先民，他们依山形筑城池，沿山坡挖窑洞，以血缘关系而分群连居；他们用的陶质器类有牛角形陶响器，与蒙古草原先民的生活器具有相似之处，别于中原同期器物；他们构筑刀把形的厨房，用石块或土坯加固窑洞四壁……这就是当时陕北地区完整的远古人类生活。

后寨子峁遗址位于今陕西省吴堡县辛家沟乡李家河村西北约400米的后寨子峁山墚上，由三座山墚连接而成，平面略呈“人”字形。考古研究专家对其进行勘探、发掘和整理研究的结果显示，整个遗址面积约21万平方米。发掘出的72座窑洞式房址沿山坡层层而建，由下而上形成多排，规模相当宏伟。房址建造方式大致有窑洞式、半地穴式以及半地穴式与窑洞式相结合的复合式，未发现典型的地面式房址。这些大概就是父系氏族社会龙山文化陕北早期窑洞的雏形。

房址的平面形制有“凸”字形、“甲”字形、“吕”字形、刀把形和不规则形等种类。

“凸”字形房址大多为窑洞式建筑，由主室和门道组成，室内面积多为10平方米左右。“甲”字形房址与“凸”字形房址的形制、规模和建造方式比较接近，所不同的是，“甲”字形房址门外有一条很长的坑道通向远处，这样使窑洞显得更加幽深和隐蔽。有意思的是，考古人员发现的“吕”字形房址均为复合式建筑，由前室、过道和后室三个主要部分组成。此类房址在三座山墚上均有分布，根据考古专家的判断，很可能是有族群关系房址群的中心单元。

杨官寨遗址　杨官寨庞大的远古建筑群显示，古人居住窑洞的历史可以上溯到5500年前；建筑群中的私有陶窑则表明，那时已出现财产私有观念。杨官寨遗址考古新发现被中国社会科学院列为2008年中国六大考古新发现之一。

这组窑洞式建筑遗址共17座，成排分布在陕西省高陵县杨官寨村附近泾河边上的一处断崖边。文化堆积主要属庙底沟文化遗存和半坡时期文化遗存。考古学家估计，杨官寨遗址现存面积约为80万平方米。

杨官寨村，地处泾河左岸的一级阶地上。自2004年以来，陕西省考古研究院对该遗址进行了大规模发掘，揭露面积达16485平方米。发掘出的房址基本上是平面呈“吕”字形的前后室结构，前室是地面式，后室则为窑洞式，是迄今为止中国最早的窑洞式建筑群。在房屋旁边，考古工作者还发现了陶窑和储藏陶器的洞穴，里面存有大量陶器、陶胚残片和一些制陶工具。

2007年12月杨官寨考古队在遗址的东北角发现了一条长长的灰土带。这一发现类似于临潼姜寨、河南灵宝西坡遗址的聚落环壕。但无论从规模

还是保存完好的程度，它们都无法与杨官寨遗址的环壕相提并论。杨官寨大型环壕聚落遗址的发现，使一个超大中心聚落的轮廓逐渐清晰起来。

大型环壕是前所未有的发现，这一环壕基本为方形，与半坡圆形壕沟相比有本质变化。可以猜想，它可能是最早的正在形成阶段的以城和池为主要特点的城市模式。按照探测结果推算，杨官寨的规模相当于 12 个姜寨遗址。如果说姜寨只是一个小村落，那么 12 个姜寨足以成为一个城的规模。而在东北段环壕内侧，接近沟边的位置，还发现了疑似墙基的遗存。如果这个猜测得到证实，这将会是中国最早也是规模最大的城市，也是目前已知最早的窑洞式民居。

交河故城窑洞建筑遗址　古代高昌地区的居住方式已呈现出多样化的特色，也就是说除了“架木为屋，土覆其上”以外，还有其他类型的居所，其中较为普遍的是窑洞和地穴。北宋初年王延德所作《西州程记》就曾说高昌地区“地无雨雪而极热，每盛暑，居人皆穿地为穴以处”，但记文中说当时高昌居民只是在盛夏才居住在窑洞或地穴中。但从考古勘查的情况来看，实际情形恐非完全如此。

在交河故城中，窑洞建筑遍布全城，从功能上讲，有住人、储物、佛教石窟等用途，时代上也是与交河城相始终。交河故城中的窑洞大致分为以下三种形式：

第一种为靠山窑。利用垂直的黄土壁面开洞，向纵深挖掘，进深最大的可达 14 米，与现在的靠山式窑洞没有多大区别。

第二种为平地窑。在平地上按需要的大小和形状，垂直向下挖出深坑，成为院落，再从坑壁向四面挖窑洞。布局与四合院相类似，和陕西渭北现存的下沉式窑洞相同。在入口处挖成隧道式或开敞式的阶梯通向地面。

第三种为地道式窑洞。在平地上先挖条斜坡道，达到一定深度后，在斜坡道尽头的壁面开洞，向纵深挖掘洞室，无院落。即有些接近斜坡墓道的形制。

窑洞的洞体可分为拱顶、平顶和穹隆顶三种。其中拱顶占绝大多数，和现在窑洞基本一样。平顶次之，而穹隆顶较少，主要为地下寺院。

窑洞和地穴均属于比较原始的建筑形式，史前时期在中国北方地区十分普通，但后来则主要流行于黄河流域尤其是黄土高原地区。推究其中的原因，除了气候因素以外，与吐鲁番地区的地形和地质条件也不无关系。

从交河故城的窑洞遗址来看，不仅许多房间内开凿有窑洞，而且还不乏完全由窑洞组成的居室院落。有些窑洞留有透气孔，与旁边的水井井壁相通，使水井成为防暑降温的天然空调。这不仅构成了当地民居建筑的独特景观，而且从诸多侧面反映了古代高昌地区居民善于利用自然的才智和技能。

柳林县锄沟村砖窑遗址 锄沟村紧邻陕西吴堡县，砖窑洞建筑群位于村子中央，呈阶梯状分布在河谷东岸山坡上，200 余孔中保存完整的有 40 余孔，窑洞造型独特，全国罕见。考察发现，一般普通砖窑洞是先砌直墙然后拱券合顶，呈倒 U 型；而这里的砖窑洞建筑群是不砌直墙，直接就地拱券合顶，呈半圆形。由于技术精湛，坚固耐用，至今仍有人居住。从建筑专家处获悉，这种建造方法建造的窑洞要比传统方法建的窑更加坚固耐用。据当地人说，锄沟村砖窑群落是唐代建造的，当地人称“唐窑”。后经北京大学和兰州大学共同测定，柳林县锄沟村 200 余孔古代砖窑洞距今 1060 年，确为唐代建筑，是我国现存最早、数量最多、最集中且保存完整的砖窑洞建筑群。

横山县波罗堡 波罗堡建在无定河西岸的山坡上，北门在山下，其余三城门在山上。波罗堡是在宋、元时期小营寨的基础上，于明正统元年（1436）重修的。明成化二年（1466）另筑新堡，更名为波罗堡，并开始有守军驻守。至清乾隆年间，波罗堡城得到进一步修复，达到一定规模。波罗堡平面呈不规则矩形，城周长超过 2000 米，墙高 9 米，夯土砖包，基部厚度近 5 米。东、西、南、北堡分别依地势而筑，有“凝紫”“重

横山县波罗古城南北街

横山县波罗古城千年窑址

光”“凤翥”“通顺”四门。现只有北门和西门较完好，东门、南门已毁。堡内建筑有参将府、凌霄塔、炮台、钟楼等，城内主街道及东、西、南、北各一条。城墙内外建有玉帝楼、三宫楼、城隍庙等40余座庙宇，今多数已毁坏。波罗堡尽管经历了600多年的风雨，但现存几处砖窑、石窑仍然有人居住。从保存较完好的南北老街看，其过去的繁华程度不亚于现在的乡镇。横山县波罗堡窑洞砖箍窑占多数，石头窑相对较少。但砖箍窑有两个明显的特点：一是窑口小里面大，二是窑洞内左右各通一拐窑，有窗无门，这在陕北地区乃至全国都较为罕见。在考察中发现，它与富县千年砖窑有一定的相似，相比富县千年砖窑窑口更窄一些。根据这些特点可以证实，波罗堡窑洞砖箍窑有效仿唐代建窑的方法，建造者在施工开始就考虑到防风沙和坚固、保温、隔热等因素。波罗古城也算是早于米脂古城300年、规模较小的窑洞古城，现代人知晓不多。

神木县石峁遗址 石峁遗址位于陕西省神木县石峁村，其规模远大于年代相近的良渚遗址（300多万平方米）、陶寺遗址（270万平方米）等已知城址，是目前有记载的我国规模最大的新石器晚期城址。考古发掘初步认定，石峁城址最早修建于龙山时代中期或略晚，兴盛于龙山时代晚期，夏时期遭毁弃，属于我国北方地区一个超大型民居聚落。距今约4000多年的石峁遗址建筑中，能清晰地看到建筑石拱窑洞用过的石块、插片。以与窑洞建造方式相同的赵州桥（安济桥）为例，能充分证明窑洞的坚固与耐用。赵州桥建于隋大业年间(605—618)，由著名匠师李春设计建造。桥长64.40米，跨径37.20米，是当今世界上跨径最大、建造最早的单孔敞肩型石拱桥。赵州桥距今已1400多年，经历了10次大的水灾，8次战乱和数次地震，特别是1966年邢台发生了7.6级地震，距这里仅有40多公里，但赵州桥完好无损。著名桥梁专家茅以升说，且不论桥的内部结构，仅它能够存在于1300多年的水道上就说明了一切。提及赵州桥是为了让不了解窑洞建筑的人们明白窑洞的形制，更通俗易懂。

石峁遗址局部

石峁百年村落

第二章

窑洞的类型与美学特征

窑洞的类型

窑洞的种类有很多，细算可分十多种，但按大类分则有四种，即土窑、地坑窑、独立式窑（箍窑）和接口窑，其中，土窑洞的历史最为悠久。

陕北地区地处黄土高原中心地带，土层厚，土质适宜建窑。古往今来，陕北人修建窑院（庄）总喜欢根据山形走向，依山就势，避湿就干，避低就高，避阴就阳，选土层整体、土质坚硬之处，削平崖面，挖窑建院。土窑省工省料，冬暖夏凉。窑洞宽深无固定标准，据土质情况而定。临沟、靠崖挖掘的窑洞，一层层一排排，为层叠式土窑村落。像这样几十户、上百户的窑洞村落大量分布在陕北大地。

陕北窑洞类型

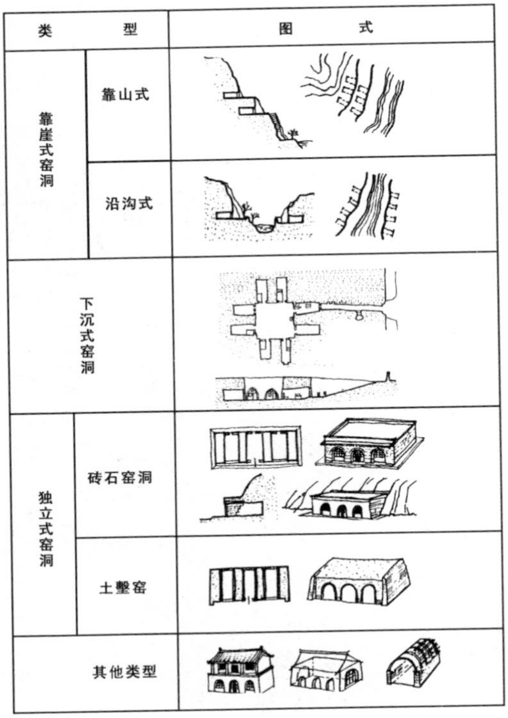

类型		图式
靠崖式窑洞	靠山式	
	沿沟式	
下沉式窑洞		
独立式窑洞	砖石窑洞	
	土墼窑	
其他类型		

明清时代，窑洞以安全、文明为目标向前发展，大塬、土坡上出现了小城堡。高大土墙将一组窑洞或地坑院围

起来，以防御兵荒和盗贼，当地人把这些窑洞建筑群称为堡子、寨子。黄土构筑叫土堡子、土寨子，石头构筑的叫石堡子、石寨子，有城门，有楼子，还有通向外界的地道。砖窑、石窑兴起于当时的有钱人家。民国时期，出现了窑洞城市，据陕北各地的地方史志记载，吴起县铁边城、米脂县老城区，在明清时期，城内的窑洞星罗棋布，多达数千孔。新中国成立后，陕北乡镇部门办公场所在窑洞的占到总量的80%以上。据近年来的考察结果发现，陕北地区废弃的土窑保存完好的窑址中，百年以上的占到现存窑洞总量的27%以上。

随着社会的发展，人口的急剧增加，人们从窑洞里走出来，开始零星地修建厦房，于是陕北民居也开始发生新的变化。新中国成立后，随着人民生活水平的提高，土、木、砖混结构的房屋逐渐增多，以房屋或楼房为主的小城镇不断出现，但是广大乡村农民仍然以窑洞居住为主。据20世纪80年代末的相关调查摸底显示，陕北农村土窑洞仍占民居建筑的90%以上。同时，出现了新的窑洞形式——薄壳窑，只有砖石材料才能建造，一般是在石窑顶上加盖，顶薄，拱形，冬冷夏热，大致流行于20世纪70至80年代的城镇机关单位。

在陕北，沉积了古老的黄土地深层文化。过去，一位农民辛勤劳作一生，最基本的愿望就是修建几孔窑洞。有了窑，娶了妻才算成了家、立了业，最期盼的就是建窑，吃穿总是在其次。一户人家的家业看的就是窑洞的多少。男人在黄土地上刨挖、耕作，女人则在土窑洞里操持家务、生儿育女，这就是陕北人的真实生活。窑洞建筑看起来其貌不扬，却浓缩了陕北人的别样风情，同时，不得不承认，窑洞建筑对整个人类建筑的发展、人类的生存等诸多方面做出的贡献，仅凭文字和图片的解释是远远不够的。

1. 靠崖窑（土窑）

靠崖式窑洞有靠山式和沿沟式。窑洞常呈现曲线或折线型排列，

延安卷烟厂20世纪70年代薄壳窑

米脂砖箍薄壳窑

有自然美观的建筑艺术效果。在山坡土质、高度允许的情况下，有时会修建多层、数层阶梯式窑洞，相互不遮挡，通风、采光好、邻里走动方便。

靠山式窑洞 靠山式窑洞的模式主要依地形而定。所以，这类窑洞多出现在山坡和土塬的边缘地带，也就自然形成了靠山崖或塬坡面。因山畔、沟边前临开阔的沟川河道，故又称明庄窑，也叫崖窑。窑的高度、宽度一般不超过5米，深度不一。预留土炕、挖炕洞和烟洞。但是，由于一些贫穷家庭做不起门窗，所以，会将窗口、门口留得很小（顶窗式土窑），一定程度上影响窑内的通风和采光。

一家有三窑或五窑，也有五孔以上的，由多家组成村落并形成整体。

志丹细咀沟200年土窑窑址

村落整体靠山，院落和窑洞的个体自然也是靠山的。这本来是修建受到条件限制而为，又充分利用自然条件易出窑土，省工、省时。而以此模式修建村落，在陕北极为普遍，以为山势好，图吉利、眼明。从人的生理角度讲，前面开阔，远眺有利于眼睛的健康；从心理的角度讲，背靠大山给人以稳定、牢靠、无后顾之忧的心理影响。

因为依山靠崖，有类于靠背椅子的形状，因此，若是合理的布局，必然沿等高线建造，这是针对上下空间而言。而从左右伸展来看，又必然是顺山势的凹凸曲线或折线排列。因为靠山建窑，根据土方的加减原理，就近出土，添加了庭院和地坪的宽展度，又大大地减少了土方量，也最大限度地保持了沟壑的自然风貌，不但达到了人的生存环境与大自然生态环境相协调的效果，而且能够以错落有致的窑洞院落装点美化陕北高原。

靠山式窑洞可以是单排，也可以是多排。这种阶梯式窑洞的特点是，山体基部突出，渐次攀高，渐次收缩。为了窑洞稳固也自然形成越上层越收缩的情形，此外，往往底层窑洞的窑脑（陕北人称“脑畔”“窑背”）就是上一层人家的院子。这样建窑的好处是：节省空间，有各自活动的场地；上一层发生倒塌不会殃及下一层，还可以稳固山体，防止山体滑坡；各层之间不会遮挡光线，夜间单个窑有大的动静都不会影响到其他窑，一家窑发生火灾也不会殃及隔壁和上下层。事实证明，这类窑洞最人性化的是一排或各排邻里之间容易走动，一起在院子晒太阳，有困难可以互相帮助，相互串门、聊天。院子就是闲暇散步、娱乐活动、交际联络情感的场所。还可利用院子多余的空间种些花草、蔬菜等，这些都是其他建筑所达不到的。这种窑顶能作为院子的属于不重叠式窑洞，还有半重叠式（双层或多层窑洞），类似于楼房，上二层时必须有专门的台阶或梯子。榆林市果园塔赵宅的双层土窑已有300多年的历史了，至今保存完好。当然，双层土窑的历史最久，但上层大多是在下层的窑腿上方

立面式两层百年土窑

错位建造，砖窑和石窑不错位。而后来半重叠式形制的多层拱窑则更为普遍。

沿沟式窑洞　沿沟式窑洞是靠崖式窑洞中的另一种。所不同的是，靠山式是背靠大山，临大沟，而沿沟式则是沿冲沟两岸崖面修造的窑洞，塬面的边缘面临冲沟或河沟挖掘的土窑。这种窑洞一般都接近水源，便于居民取水。窑背也可做上一层人家的院子。当然，可以是土窑，也可以是接口窑。接口窑是在建好的土窑面部用砖或石头砌面，从外表看和砖石拱窑一样，这主要是考虑结实、美观、耐用和防止窑面被风雨侵蚀，相比独立式箍窑又经济了许多，在陕北约有三分之一的人住这类窑洞。

志丹任沟200年接口窑

志丹细咀沟300年接口窑窑址

2. 独立式窑洞

独立式窑洞，顾名思义，与靠崖式窑洞最大的不同是，可不依靠山体，不直接利用天生的黄土做窑腿，而是四面临空，又叫“四明头窑”。其所以俗称“四明头窑”，就是指前、左、右、窑顶四头（即四面）全都露在明处。大门窗，窑高、宽一般都在 4 米以上，深度不一。火炕另盘，形式自取，定有“尺八的锅台二尺的炕”之高低规格。经久耐用，光线好，经济条件好的家庭多住这类窑。特富户还上马头石，盖厦檐，出细窑面，露明柱。穷者手锤刻上正毛石即可，甚至有垒“人”字墙面的。独立式窑洞实际上是一种掩土建筑。和土窑相比较，没有土窑保温和隔热，但比土窑美观，抗风雨。

石拱窑、砖拱窑、土墼拱窑和柳笆庵窑都是独立式窑洞的主要形式，其力学原理和工作程序大体一致。由于地区气候的差异，表现为不同的风格和不同的建造方法。分述如下：

千年石窑

石拱窑　石拱窑与赵州桥、卢沟桥以及现代大跨度的石拱桥、涵洞一样，是一种利用块材之间的侧压力构筑跨空的承重结构的砌筑方法，建筑学上称“法券”。这种侧压力，民间谓之“夯劲”。石拱窑多分布在陕北和山西吕梁、甘肃庆阳、河南三门峡地区，建筑技法也大体相同。首先要有选址和看日子等前期准备工作。正式动工后，先画线并按窑洞的负荷强度，决定地基的深浅夯地基，然后按单数3、5、7层或多层朝上砌地槽石至地平面。砌至地面后，再在左右两边砌2米多的窑腿，开始支券。窑券是石拱窑洞的模型。按照窑匠（多为石匠）师傅的设计，以粗细木料类似于梁、檩、椽的架构支成拱模。弧形的支架上以土填缝，拍打抹光即成。现在建拱窑，多用宽约1.5米的半圆形木、铁券，这样省工且易操作。拱模就绪，再自下而上紧贴弧形拱模镶砌石块，砌至两三层，同时朝两拱之间的窑腿上填土、夯打，令之实。如此一层一层从两面砌至窑顶中线合龙。建窑每砌一两层，需在中间插片石、生铁塞紧，再灌浆。传统的浆是黄土泥浆。取纯净的上好黄土在桶或大铁锅中注水，经反复搅拌使土块完全消解呈糊状，一桶一桶地朝插片石处灌，泥浆沿隙下漏，直至灌满为止。泥浆经凝固“卤”定石块会非常稳固。自水泥普遍使用于建筑以来，则改为灌水泥砂浆，使石砖窑更加牢固。

一座院落无论起多少孔窑，在合龙时，顶部正中必须留一块石头，这是供合龙口用。这种石拱四明头窑，合龙后干燥到一定程度即可上掩土。掩土有1—1.5米厚，陕北人称作垫窑背或垫脑畔。据说这样的厚度恰好给拱洞形成压力，令其越压越结实，土越厚越牢固越不会坍塌，同时，可保证窑洞内冬暖夏凉。

建窑时，窑顶土上足后，给予适当的镇压防止水穿。然后做女儿墙，挑檐，砌出流水石槽，供下雨泄洪用。但石槽必然朝向院子，以示肥水不外流，聚财。后来也有破除这种风俗，水朝后流，因为按约定俗成的“契约”，窑后有主家3尺（1米）的地界。

合龙口　李福爱绘

传统的陕北窑洞脑畔多粗放，不做任何处理，任其长荒草，多数是撒秃扫籽。秃扫是一种生长快的黎科植物，学名“地肤”，初生嫩叶可食用，成熟后其枝干可以做扫帚，方便耐用，陕北百姓习惯用它扫院子。秃扫耐干旱，吸水量大，完全可以吸收窑脑多余的水分，保证窑洞湿度适中。后来建窑，窑背也有用琉璃瓦和其他防水材料的。

独立式石拱窑在陕北相当普遍。其分布范围如此之广，大致有以下几个原因：

一是社会的发展。人们对居住环境的要求发生了改变，使窑洞民居也处于不断的进化之中。大体轨迹是穴居→土窑→接口土窑→独立式拱窑。独立式窑洞在 20 世纪 80 年代之后，更是取得了长足的发展。时至今日，

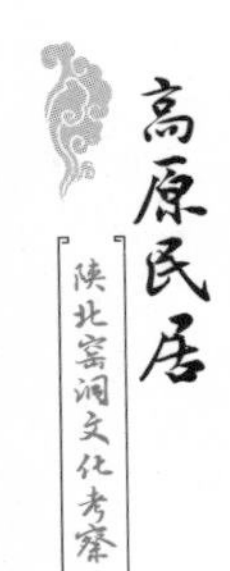

长满荒草的窑洞脑畔

随着老少边穷地区脱贫致富步伐的加快，穿衣吃饭的问题得以解决，人们的关注点开始朝着住的方向发展。二是传统习惯的影响。在民间传统习俗中，作为父母，他们的夙愿往往是给子孙留下基业。在旧时代，基业的含义是窑洞、土地和“硬器”（金银珠宝）。20世纪50年代经过土改，又经合作化、人民公社，原有的土地私有制已经解体，所有基业全集中在居住问题上。而人们在衡量家底时，主要看重的也是居住条件。反映在婚姻嫁娶上，窑洞的多少、档次的高低是女孩择偶时考虑的重要条件之一。不但女孩本人及家人要考虑，乡亲邻里也要看，形成某种不是传统的传统。三是就地取材。居民多居住在山川、沟壑区，基岩裸露。陕北流传着一句顺口溜，“米脂的婆姨，绥德的汉，清涧的石板，瓦窑堡的炭。”

因为这里上好的石头不软不硬，既具有支撑重物的硬度和韧性，又宜于石匠破石雕刻。黄土就地使用，这样就大大降低了能耗和工程造价。四是工匠和工艺优势。“一方水土养一方人”在这里体现得尤为明显。在陕北北部各县，石匠是出了名的。寻常匠工，木匠、铁匠、画匠必须请，而石匠几乎无须请。家家备有锤、錾，多数人都可算得上“二把刀”。出众的石匠也很多，米脂县就有“石半县”的雅号。石匠讲究锤子功，要求窑面整齐，凹凸有序，这些全是硬功夫。而“流水细錾”则讲究匀称、细腻、精巧，一般是一寸三线，还有一寸四线的。从极其精细、造型优美的陕北各地的汉代画像石中可以看出当地石匠高超的技艺，这种技艺传承了至少2000年。

石箍窑洞 董明摄

延川200年石窑窑址

砖拱窑 砖拱窑各地都有，但最典型、最具特色者要数陕北南部渭北地区的砖拱窑。洛川塬上因缺乏石头，又加上石工短缺，没有石拱窑，但得黄土这种生土建筑材料之利，烧砖箍窑相对比较普遍。

砖拱窑工艺比较特殊。首先是以石杵夯筑窑背墙。窑背墙非常厚，一般在三尺八寸至四尺二寸之间，颇合《周礼·考工记》“墙厚三尺，崇三之”的祖制。不惜人力财力，不惜占很大的耕地面积，筑厚达一米以上的背墙，一为结实，二为保温，三为防盗。这在别的地方是很少见的。和其他拱窑一样，不能开后窗，这样既不安全又不保温，更重要的是怕“漏气”，聚不住财。窑背墙做好后，由窑匠在背墙上画一弧形线，即窑之高低、宽窄和弧度尺寸。按此线延长，掘出地基，到老土为止，称之“拔巷”，然后下线砌地基，砌到一定高度后则要“拍券”。过去，砖拱窑大多为有地、有钱的人家的住所。

券，即拱模（俗称“窑楦”）。拱模大体有三种：土拍实心拱模、木支架空心拱模和拉壳子拱模。洛川塬箍窑特殊的是花费大量人力，纯属黄土填满的实心拱模，俗称“拍券”。根据画定的弧形线，人们担土堆在窑筒子上，窑的形状全依拱模定夺。窑的空间容积恰是拱模的体积。黄土自底部堆起，一直到顶，边堆边夯，使其结实，以免窑形走样。到最后，用锨背拍打令其光滑，经匠人尺量端详、修饰。拍好的实心土券呈半月形，浑圆光亮，尺寸丝毫不差，非常不简单。可谓“拍券摆砖一根线，全凭师傅的独眼功”。

窑券拍就，开始正式箍窑。匠人把砖一层一层地靠券摆上去，名为“干摆”。此时方显窑匠的本事（技能）。从前到后，砖缝必须是笔直的一条线，

窑洞木券

而从左右看，又必须是错开茬口，以求整体的协调稳固。这种做法有别于赵州桥，而和卢沟桥的箍法一致。这一带的砖拱窑不讲究里面裹泥，砖缝始终外露，人们品评砖拱窑的结实、美观，就看其前后是否一线，左右是否错茬。外弧的一面以破碎瓷片（称作“瓮片子”）茬紧。使用瓷片，为的是不腐蚀，硬度高，不走样。此一做法，与晋中砖拱窑相似。拱筒摆砖完毕，继而灌浆。至此，窑筒即告完成。

砖拱窑上砖之后，要“出券”。出券和上窑背土是两件事一个活，是一件很苦重的活儿。旧时多雇苦力担，故也叫“担窑券”。人们搭上木板，一担一担把窑券土担上窑顶。但也有讲究，先上什么部位，上多少；再上什么部位，上多少。这是为了使重量平衡，否则，窑顶上的砖有可能会向上冒起而坍塌，称为“冒顶”，倘若如此，便前功尽弃。一般来说，窑券出空，窑背土恰好上就。这样，就形成一个固定的公式：窑洞容积 = 拱模体积 = 窑背土体积。千百年来，主人和匠人都沿袭这种规矩，一成不变。这种实心堆积土券比较支券和拉壳子券来说，土工活要重数倍，但是更加牢靠，整体性能好。

砖拱窑箍就后要扎肩、挂掌，做吞口（安门窗）、挂面子。常见的都是长方形土坯砌成，泥草抹面。然后盘炕，打锅台，砌烟洞。因为是土坯砌就，一般在拱头线以内半尺至一尺左右镶砌，以免淋雨，称为“藏面子”。如系砖砌窑面，则从拱头线外砌至窑顶，并有花墙护围。

洛川塬窑洞之高度、跨度和入深有一定的规程。黎锦熙先生总纂的《洛川县志》，对此有精确调查和计算。民间讲究以丈论。而旧时市尺又较目前市尺略有出入。如此换算，大体说来，窑洞高 1 丈，宽 1.2 丈，入深 2 丈左右，其高、宽、入深大致是按 1∶1∶2 的比例箍就。这是民国三十年（1941）前后的调查。侯继尧、王军先生在《中国窑洞》一书的“各地区黄土窑洞建筑尺寸调查表”中列举了陇东、陕西、晋南、豫

砖窑窑脸

西四个区域十个地区的尺寸。在“陕西窑洞延安地区”中，列出的数据为：窑洞高度3—4.2米，窑洞宽度3—4米，窑洞深度7.9—9.9米，窑腿宽度2.5—3米。两种调查数字大体一致。民间规程是宽多少、高多少，入深加倍，这是出于牢固性和采光两方面的考虑。在这里特别要阐明的是经过笔者十多年的实地考察，独立式砖、石窑的窑腿与其他研究者有较大出入。窑腿宽度2—3米的窑洞极少，而宽度在0.8—1.5米之间的占到总窑数的90%以上，而小于0.8米宽度的也不在少数。

从两种数据调查的结果和民间俗谚三者相契可见，这些尺寸是在历史的长河中久经考验而流传下来的。只是在20世纪80年代以后，建砖石窑成风气，人们图省工省料，窑腿越做越窄。这样无定法的简约方式，其牢固性、科学性亦尚待考究。

横山县波罗古城砖箍窑

延安大学教工宿舍　吴延晋摄

清涧阶梯式窑洞村落

乌镇古镇窑洞

窑洞院落

土墼拱窑　土墼拱窑的原理与砖石拱窑相同。所不同的是，土墼拱窑材料为泥坯，形状为楔形立方体。从一平面上看，都是呈同心圆的扇面形。土坯实为加草的泥坯，俗称“土墼子”。先是制成楔形木模，加草（普通为麦秸）和成泥填入模中。去掉木模晒干即成泥墼子。土墼子平面酷似编钟。箍窑时，先制成与窑拱大小相等的半月弧形木制拱模，架于窑腿之上，从窑掌砌起，一圈一圈地朝前做，即成土墼窑。因为用力不同，土墼窑更注重背墙，有“砖窑靠帮，土墼窑靠背”的说法。窑背处理，有与砖拱窑相同上土的；也有为走水利计，上面覆瓦，外形呈房屋形式；还有做成弧圈形的薄壳拱顶，拱头线条分明，是大自然造就的特点鲜明的窑洞建筑艺术佳作。这种土墼拱窑多分布在干旱塬区，所以能持久保存。

枕头窑　此窑或为石拱，或为砖拱。窑的容积特别大，用作仓库及开会时使用。拱头大多数封实，也可以开门窗，而普遍在一面或两面窑腿

狗脊梁土墼窑

枕头窑内景（中共七大会址）

枕头窑外观

上开门窗，出入方便，通风采光好。延安杨家岭中央大礼堂（七大会址）就是典型的枕头窑建筑，外观很难看出是窑洞，由于窑高、跨度大，又上下开两排窗，采光条件良好。

窑洞楼房 这类窑洞是在窑洞上再加一层窑，有时是底层为窑上层为房，陕北最典型的窑洞楼房是建于明代正统年间的榆林梅花楼，有550余年的历史了。该楼为典型的单檐双层歇山顶式砖木结构。上层三开间为木梁架结构，歇山顶置琉璃兽头，以飞檐翘角显示木结构砖瓦楼阁的气势。而底层则是通堂砖拱大殿。不同的是，此砖拱建筑正面、北面和侧面由12根廊柱等距离支撑，形成回环外廊，与上层飞檐相辉映，虽然相当破败，但原汁原味，古韵犹存。窑上窑、窑上房在陕北可以说

窑上房

延川200年两层重叠式石窑

随处可见，有两层全是土窑性质的，也有砖石砌成的，各有特点。富裕人家的窑上房做工讲究，精雕细琢；一般人家的窑上窑会以石片茬垒，朴实简单，但是在使用功能上没有两样。

3. 下沉式窑洞

下沉式窑洞实际上是由地下穴居演变而来，也称地坑窑洞。在黄土高原的旱塬地带，没有山坡、沟壑等可以利用的条件，当地百姓巧妙地利用黄土直立的稳定性原理，就地挖下一个方形地坑，形成四面闭合的地下四合院。

下沉式窑洞在各地的叫法不同。甘肃陇东地区叫“地坑庄”，往往按八卦布局，因而又称“八卦庄”。陕西关中以北叫“地窑”或“地窑院”。

下沉式土窑

山西平陆称其为“地窨院”，闻喜县叫“下跌院子”。河南又叫“地坑窑”。而地上居民则谑之为“地窝蜂”，意思是到了晚些时候，人、畜全钻入地下，地面上万籁俱寂，空旷一片；天一亮，人、畜又全从地下钻出来，一片纷乱，犹如地窝蜂一样。这种叫法倒是非常形象，但含有贬低它的意思。走进下沉式窑洞会发现其全为土窑建筑，下沉式土窑分布在甘、陕、晋、豫四省，子午岭以西的董志塬最为集中和典型，陕北地区较少。

下沉式窑洞也是以减法营造的建筑，按照八卦的模式布局，有一整套修建的办法：先于平原上勘出一块平整的地面，自然也讲究风水。但最重要的是此地要略高于周围地面，以防止洪水涌入。开掘时，以罗盘定方向，边长 9×9 米，或 9×6 米，或 12×9 米。白灰撒线，从一角按边线斜挖一下行甬道，至一定深度，穿土而过，形成过洞，也是作为将来安装大门的地方，整个院落的土可以从此斜坡运出。过去是人担，后来是板车拉。院子挖至 6 米至 10 米深，再洗四壁窑面，然后根据画好的抛物面挖窑，一般北面为正窑，左右是侧窑，南面有小窑，用于储藏柴草农具、碾磨、圈养牲口等。有些地区还有地下街式的大型下沉式天井窑院。数十户人家共用一个窑院，并共用一个进院子坡道，再修各自的隔墙、宅门，但必须留一个足够的空间供打渗坑用。如此，就形成了一个规模较大的下沉式四合院村落。应该说，这种下沉式窑洞是各类窑洞中最早被广泛运用到实际生活中的，甚至要早于 5000 年的中华文明史，是穴居发展演进的实物见证。陕北地区富县、黄龙、黄陵、吴起、定边零星可见，主要分布在河南三门峡、甘肃庆阳及陕西渭南和咸阳的广大地区。从河南巩义市加津口铁生沟挖掘出土的裴李岗文化遗址看，壁龛基、烧陶窑和储物窑的出现，表明早在 7000 多年前，这里已出现下沉式窑洞的雏形。隋唐时期，地坑窑已被大量用作粮仓、屯兵。所有下沉式窑洞院落，由于要充分利用地下体量空间，均呈四合院形制。个别因地基或土质的关系，至少也是三合院。如此说来，四合院实际上是发端于下沉

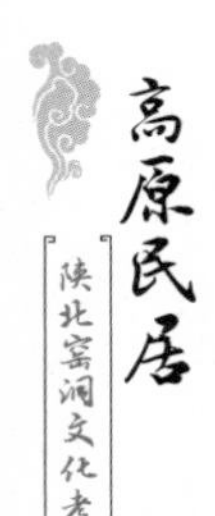

式窑洞，是地表四合院的母体。

要特别指出的是，下沉式窑洞的关键技术是对于水的处理。这种窑因为水无法从院子排出地面，所以最怕水灾（怕地表洪水涌入）。因此，选址首先要选在平原凸起的地方，修院子的土和挖窑的土都要褙在四合窑院顶上且略高，然后拍打夯实。有些地窑窑脑还筑一圈矮墙，以防洪水灌入院子和行人、牲畜跌落。这种矮墙形同于其他类型窑洞中的女儿墙，墙下同时还做有覆瓦的窑檐，以避雨水冲刷窑脸。

尽管有相应措施，但夏日暴雨袭来还是会就地起水。对于院落中的积水，最有效的办法是采取下挖大的渗坑（干井）处理。此外，还有人畜用水的问题。所以地窑内侧必掘一小窑，然后下挖成窖，再用红胶泥捶打镶底，以免渗漏，此为水窖。下雨前，先把院落打扫干净，让水流入水窖。待收至水线，则堵住水眼，改流水入渗坑。水窖和渗坑的区别在于，水窖最忌渗水，而渗坑最怕不渗。

地坑窑一般以户为单位组成，前后左右又有同样的地窑，各成院落，比邻而居，形成聚落。兄弟多的人家需要另辟院落并联，中间穿洞相连，各走各的大门。如此，分家时各立门户，避免了妇姑勃溪、叔嫂斗法的麻烦，而又能保证彼此间互相走动方便。特别是在历史上匪盗横行时，这样的做法，一则可以联防，二则“跑贼”方便。

地坑窑纯属生土建筑，是典型的黄土窑。它不仅是原始初民凿穴为居的原始遗存，而且是人类从天然穴居发展到一定阶段的必然产物。其最大的建筑特点是陶（掏），即对原材料的加工，抛去不必要的部分，形成空间而居，使我们看到了地坑窑与“陶复陶穴”的关系。因为下沉式窑洞主要依靠的是天成的生土，所以，省料是其最大的优势。同时，在黄土高原气候过于干燥的情况下，也可提升窑内的湿度。更优越的是，这样的窑洞防紫外线辐射、防盗、防火，冬季温暖，夏季凉爽，为其他结构的窑洞所不及。此外，因窑院口大底小，抗地震性能胜过现代人居住的其他任何建筑。

渭北、陕北南部对土窑洞特殊的空间处理也为学者们所关注。窑洞多挖成前宽后窄、前高后低的喇叭形，即窑口半径大于窑掌半径，以拓宽窑洞的采光面，增加后部的光照。当然，脚地是平的，而且高于院面，防止进水。在打窑时，与陕北北部、晋西的正圆形筒不同，多采用尖心拱券以求坚固。洞内基本为圆形，尖心拱反映在洞外的券口和拱头线上，拱顶做成桃尖形甚至圭角形。施工开口时，留出30—40厘米的券边，装饰时做成单边狗牙形或双边万字形的拱头线，因其美观、紧凑而显得别具一格。

下沉式窑洞院落的进出是人们必然关注的一个问题。如前所述，在下挖院坑时，首先得规划好出入口，第一镢开挖的就是上下行通道。窑

桃尖形下沉式窑口

洞和院落整饬完，最后修饰和完善的还是窑院通道。窑院通道是和大门相结合的，所以格外讲究装饰。

窑院甬道形式多样。从平面上讲，有直进型、曲尺型、折返型和雁行型等；从甬道与院落的关系上讲，有院外型、跨院型和院内型；从甬道剖面讲，有露天的沟道型和钻洞甬道型。据日本东京工业大学青木志郎、茶谷正阳教授等在《中国黄河流域窑洞民居研究》中，就其入口类型绘画所做的统计来看，甬道剖面竟达46种之多。各个地区民间工匠根据传统的风水原理和地形、雨量、温湿度等具体自然条件因地制宜地安排和装扮入口。渭北、陕北冬季严寒，夏季酷热少雨，其入口多为利用自然土体穿洞而过的斜坡通道过洞或泥墼箍成的筒型通道过洞。

下沉式窑洞聚落以其独特的风貌、悠远的历史成为文化遗产。随着

地下窑洞村落　八代克彦摄

生活水平的提高，人们对居住空间他求，大多弃窑住楼。这些下沉式窑洞四合院要么成为废弃的空壳，要么被夷为平地，改种庄稼。

在乾县乾陵乡韩家堡，那里的 34 户人家每户都有地坑窑，有的窑洞相传已有百年以上历史，具有独特的建筑艺术空间布局。该村距乾陵不足 1000 米，自然环境和人文资源为下沉式窑洞旅游创造了极为有利的条件。陕县是地坑窑比较集中的地方，庙上村现有 80 余座天井窑院。这些下沉式窑院还有一些显著的特色，比如地坑和窑漫道边缘都筑有装饰精美的拦马墙，具有镶边勾画院落轮廓的审美效果；窑脑多为麦场，麦场经反复碾压，光亮瓷实，既是对空间有效的利用，又因为走水顺畅而大幅延长了窑洞的寿命；储粮窑顶钻小洞，可将碾打、晾干后的粮食，直接灌入窑仓中；畜窑顶洞用以灌入垫圈的干土。淳化十里塬乡梁家庄，地处南北条状的黄土塬上，是以下沉式窑洞为主，配以靠崖式窑洞的混合型窑洞村落，以类型多、富于创造性而引来众多游客。

挖窑选址

窑洞民居区有许多与窑洞有关的习俗，讲究起来很是细致。对于方俗，应尽量予以了解，但要注意的是方俗中往往夹杂着迷信，其繁杂和有害的成分，往往容易诱导人们误入歧途，应在方俗评价中给予批判。

对于贫困地区的人来说，施工方俗体现在窑洞居住环境的各个方面。无论是土窑、石窑、砖窑，人们在打窑或箍窑时都讲究风水及择吉日动土，数字、禁忌、厌胜术等一系列方俗。

风水，也称堪舆、地理、相地术、相墓术、青乌术、青囊术等等。风水术在其发展过程中迷信色彩愈来愈浓，给人以神秘莫测的感觉，使

一般人无法认识它、操作它，而成为风水先生的垄断行业。实际上风水并不神秘，它反映人们在建宅、修坟及其他兴土动土时对环境的一种认识和选择。从根本上说，是认识环境与人的关系，也就是水土与人的关系。所以，风水也是一种文化形态，一种选择住宅环境的技术，一种对景观评价和对建筑布局的艺术，有人类生存的自然科学性。

陕北人建窑洞总是从传统的实际经验出发，得出了最适合人居的风水原则，有着朴素的现实生活原则、要求和道法自然的哲学思想。陕北人一直认为人活着就得接地气，因势利导，不要破坏自然地貌。建窑修房选一个天然的圪塄、阳畖，比大动土方、破坏水路、改变地势要好得多，既省工省力，又简单方便。这些原则与风水学的原则基本契合。

1. 选址

选址，就是选择修窑建窑的环境位置。这里的环境，就是人们所说的龙脉。林语堂先生对此有比较独到的理解："龙，不是纯粹为神话的或邃古的物体。由中国人的观念，山川都是神灵，而从许多盘曲的山脊，吾们看出龙背，当山脉渐次下降而没迹于平原或海，吾们看出龙尾。这是中国的泛神主义，是堪舆术的基础。堪舆术虽为不可信的迷信，它具有相当灵学上的和建筑上的价值。"根据林语堂的这一理论，剔除其不可信的迷信成分，而从灵学上和建筑上的价值的角度出发，人们还是有许多初建村落时的风水理念需要遵从。相宅、选址请风水先生有下列几方面讲究：

取"负阴抱阳"的形胜。《老子》中记载"万物负阴而抱阳，冲气以为和。"所以窑洞选址常取 U 字形、弓弯形的向阳山湾，避开弓背形的山嘴、山尖、山脊；窑洞背后靠山要博大雄浑，山脉要悠远深长，形似巨龙。而具体到该处新修窑洞，则最好在凹窝处，形成三面环抱之势。米脂县刘家峁姜耀祖宅即建在这种山窝之中。说法是，这种地形安静稳重，

古村落窑院

聚财纳福，隐秘、干扰少，人居长寿，子孙厚道，人财两旺。而最忌选“青脊”。青脊是指山的横线部位：刀背形的山脊、四面临空的山尖和三面临空的山嘴。人们认为，此种地形有类于尖嘴猴腮的人脸，尖酸刻薄，主人薄福、命浅，会导致主家财运不济，家口不宁。这种选择其科学性在于凹处地形多为黄土老崖，土质好，且不易发生塌陷、滑坡等自然灾害，同时能保证充足的阳光和较高的温度。陕北俗语“得过且过，阳圪塄塄（旮旯）暖和”，就是这个意思。而山嘴、山尖和山脊地形尖陡，常为风口，出行不便。忽上忽下、忽左忽右的“不正之风”，时而呛面，时而灌顶，易致人吃风纳寒，引起疾病或发生灾难。

远离庙宇，更不能在绝户故址和坟址上修窑。庙宇、坟山给人以阴森、恐怖的感觉，容易造成人们的恐惧心理，故应避之。而庙宇与民居恰好相反，多盖在山脊险峻之处，这是民居和庙宇各得其宜而又互不干扰的选择。

佳县香炉寺窑洞

窑前视野开阔，是选址要考虑的最基本因素。为此有五忌：一忌怀山过高、过近又临乱破败，二忌“瞅头山”，三忌缺角内陷，四忌窑前逼窄，五忌冲沟临岔背弓水。说法是，君子坦荡荡，小人长戚戚，前视开阔后人胸怀宽广，精于谋大事，娶妻贤惠，得子前途无量，生财有道，家口安宁，邻里和睦。所以，五忌要尽量避开。“怀山”是指宅前的山峁。山峁不能过高是因为过高有违“后高前低”之忌；过近是说出气不畅，办事不顺；而临乱破败，因自然塌陷或人为挖掘，使面前的山面目狰狞，没有美感，主人命运易落败。“瞅头山”是指宅前一山墚，而视线中越过山墚又现的山尖，顾名思义，恰似盗贼探头来窥视宅院。此种说法，从客观上说，易失盗惹祸，后人不走正道，为宅主大忌。缺角意味着体残，而内陷又意味着填不满的坑，均视为不吉。宅前逼窄意味后代不发达，人丁不兴旺，心胸狭窄，气量小，愚笨而无远虑。宅前临水本是人们普遍追求的气脉，但水的流向却大有文章。“宁眠弯弓水”，就是因为弯弓水聚财家富，背弓水失财家贫。如此，背后有山环抱，宅前有弯弓水环绕，形成两个弧形拥抱的情形，切合古人“负阴抱阳”的选址理念，是最理想的风水之地。以上五忌，看似有些神秘，实际上是自然环境从视觉上给人的心理感觉，是“天人合一”观念的自然体现。

“两不择”原则。“两不择”是指不择“刀把院”，不择“轿杆院”。“刀把院”是指宅基处在死胡同的尽头。把供行人走路的这条巷道比作刀把，宅基为尽头一家，其院落形似刀面，主窑恰处在刀刃部位，易致人丁不旺、

窑洞院落

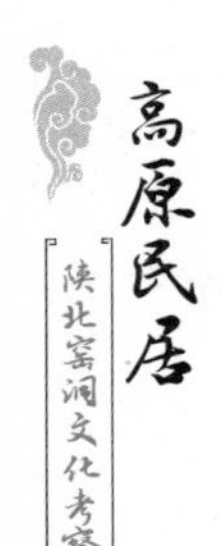

孤寡、灭户。“轿杆院”是指院左右无人家，而恰好有两条人行走的道路。这样，院落形似轿身，两条道路形似轿杆。假如两路两端，再分别有两棵树，则更成为“四鬼抬轿”，主人则会随时有灾，为大不吉。“两不择”虽为迷信，但因为形象，好记，在民间流传甚广。

追求四周自然环境的协调。林语堂先生说：“中国建筑的最后和最重要的原则永久是保持与自然的调和。”说的就是宅院与环境的协调。中国古代讲究左青龙，右白虎，前朱雀，后玄武。以四种动物比左、右、前、后，这是把没有生命的土脉动物生命化，由此反馈到实际环境中，又把有生命的动物比作无生命土脉的具体形态。于是，四周环境就以这样的事物幻化而成。左边有流水象征青龙，右边有长道象征白虎，前面有水池象征朱雀，后面有丘壑象征玄武。凡上述青龙、白虎、朱雀、玄武齐备的地形，被认为是最理想的宅基选址。陕北靠山式和冲沟式窑洞宅院，大部分都体现了负阴抱阳的形制。庄基地在旧时代属于私有制土地，贫苦人家几乎没有选择的余地。遇到左右高低不合要求，就需要采取相应的弥补办法，在宅旁某一部位垒一座类似宝塔形的土堆，即风水塔，以弥补缺陷。所以，当山形水势存在天然缺陷时，通常会通过造景、补景、修景、造塔、植树、开圳、培砂、修桥等手段予以弥补，以达到中国建筑中“虽为人工，宛若天开”的总体建筑理念。有时，人们还可以通过改变院墙的角度和扭动大门的方向来弥补缺陷。

宅基以“中矩”为吉，最忌院落左长右短或左短右长的楔子形、前宽后窄或后宽前窄的梯形，说这是棺材模样，大不吉。但以方为总原则，各地的讲究又不一样。下沉式地坑院多为正方形、长方形。陕北居民讲究宽展型窑院和标准的“明五暗四六厢窑”四合院。例如米脂姜氏宅园主庭（上院）深 16 米，宽 18.9 米；中庭（中院）深 22.05 米，宽 18.7 米。这样，主庭宽大于深，而中庭又深大于宽，其通风、纳气、采光均优于他处，是开朗、大气的典范。

窑院

以宅基树木枝干主导倾向于主庭和主窑方向为吉。主导树枝比作人的两臂和手，如其朝向院落，象征着向里掬元宝，家运亨通；如其朝外，则表示把家财拱手让人，家族衰落，不但表示失财，还暗示着主家会把家财挥霍殆尽，后人败家，因为失财，最后人财两空。通常补救的办法是，斫去朝外超长的树枝，让树枝朝主庭伸展。

以干燥、向阳、空气清爽为吉，忌下湿地、沼泽地、低洼地。如迫于无奈，则于地下埋活性炭，布砂石，以堵塞湿气，同时以砌垒砖石的办法提高地基，俗称“帮基”或“帮畔”。

2. 坐字

坐（亦作“座”）字是八卦中的乾、艮、巽、坤四字，天干中的甲、乙、丙、丁、庚、辛、壬、癸八字，地支中的子、丑、寅、卯、辰、巳、午、未、申、酉、戌、亥十二字，在罗盘上所反映的“字”确定的坐向方位。

其中，占正北的“子”字，正南的“午”字，正东的“卯”字，正西的“酉”字是不能坐的，因为这四个字是神的位置，特别硬，只有庙宇、衙署才能在此修建，平民百姓福薄命浅，服不住，故弃之不用。其余 20 字皆可占，但我国地处北半球，黄土高原又属北温带，冬季寒冷，又多西北风，故采取坐西北面东南方向和坐东北面西南方向的方位。大致上说，坐西北面东南的，多取乾山巽向，亥山巳向，壬山丙向，戌山辰向，辛山乙向五个方位；坐东北面西南的，多取癸山丁向，丑山未向，艮山坤向，寅山申向，甲山庚向五个方位。选好的坐字亦不正坐，而是稍偏一些方好。实际上，这些坐字是根据日照时间的长短尽其宅基条件挑选的。只要有可能，多选癸山丁向，简称“癸山丁”。米脂县刘家峁姜氏宅园和高庙山常氏宅园均坐“癸山丁”，其他各宅院亦多此坐字。据老年人讲，这个坐字阳，即日照时间长。可见，坐字剔除其神秘、迷信的成分，还有保暖的实际用途。

坐北朝南，坐西北面东南，坐东北面西南，这是主要的方位选择，但却不是唯一的坐字。原因是，山形走向等客观因素和宅主地基、经济实力等因素决定了坐字必然多种多样，因此，北向窑洞虽然不多，但仍然不时可以见到，只要不违反大的原则就行。

3. 择吉动土

黄土向来被北方人奉为崇拜的对象，这是由于原始初民认为黄土生人、养人的缘故。但在汉族民间信仰中又有太岁神，说太岁神为值岁神。《神枢经》上说：“太岁，人君之象，率领诸神，统正方位，斡运时序，总成岁功。”“黎庶修营宅舍，筑垒墙垣，并须回避。”《黄帝经》又云：“太岁所在之辰，必不可犯。”民间在选定坐字之后，针对太岁所居方位，又得看“山空不空”，“山空”即证明此时太岁不在此方位，可动土；“山不空”，即说明太岁正在这一方位，不宜动土。

除了方位之外，还得择黄道吉日，这是时间的概念。在山西，特别讲究“三邻王日”不能动土，是指阴历正月、四月、七月、十月的亥日，二月、五月、八月、十一月的寅日，三月、六月、九月、十二月的午日为禁日。在陕北，讲究“杨公祭日”和“土旺”。杨公祭日每年有十三天固定的日子，即阴历的正月十三、二月十一、三月初九、四月初七、五月初五、六月初三、七月初一、七月二十九、八月二十七、九月二十五、十月二十三、十一月二十一、十二月十九，即每月递减两天。只要记住正月十三和七月二十九，就可以此类推。因为好记，所以在识字不多的农村，流行甚广。春夏秋冬四季还各有一个“土旺”，遇到这个“土旺”，则须禁土三天。这三天绝对不能动土和泥。在陕北，还讲究“姓氏土旺”：张、王、李、赵忌六、十二月，杂名姓忌三、九月。这也就是说，除了每季各三天的“土旺”外，还要以姓氏论“土旺”，即每家每年有两个月不能奠基、动土，但只要在各自的“土旺”月之前择吉日奠基的话，即使进入“土旺”月，也可以继续施工。而“套灶镬”（重新裹泥灶膛）讲究“姓氏土旺”相同，即每年有两个月时间不能套灶镬、裹泥窑、糊鼠洞等。

如果时、空两者皆宜动土，则举行动工、奠基仪式。届时上香烧纸表，放线下石，并于奠基石下放入朱砂、辛红、海马、海龙四种中药材，同时加上“六精药”：金精石（又可称为银精石）、千年见、鬼见愁（又名鬼五子，学名为石莲籽）、鬼箭草、安息香、玄精石（亦有说为碧砂，即雄黄），统之曰“安神土鬼”。只要举行了仪式，何日开工再不受忌。

4. 奇数原则

一座院落，一户人家，其窑洞在数字上也有讲究，即取奇数，俗叫“取单不取双”。如前所述，无论是挖土窑或箍石窑、砖窑，习惯上是正窑宜取三、五、七孔，而不取二、四、六孔。正窑占多宽，庭院就多宽。这样，正窑每孔都面对庭院，由于每孔窑前均无遮挡，因此，采光条件良好，故叫明窑。在正庭两侧各箍三孔厢窑，旁边再各箍一孔或两孔小窑，小窑窑脸又必须缩进 1—2 米，这样，两侧小窑就形成面积不大的小院，而小院通正庭又有门相通，故称暗院。如果左右暗院各一孔，则称“暗二”。各两孔，称“暗四”。明窑三孔称“明三”，五孔称“明五”。这样，整个院落就形成明三暗二、明五暗四的模式。如果再有厢窑，则形成明三暗二六厢窑：3 孔＋ 2 孔＋ 6 孔＝ 11 孔或“明五暗四六厢窑”：5 孔＋ 4 孔＋ 6 孔＝ 15 孔的模式。不管怎样，加来加去，其主窑（正窑）的总数绝对是单数；三者相加，也绝对要成单数。因此，在民间的数字概念里，双数是圆满的数字，而单数是增长的数字，寓意人口增长，家产保全，人财两旺，族人兴隆发达。

5. 工匠厌胜术

在陕北箍窑建房时会经常出现这种情况：主人对匠人招待不周，匠人就会有意把工具或鸡毛、猪血、破碗、单只筷子、败鼓皮屑、木刻小人、动物骨头等砌入窑腿或拱顶，以达到损害主人的目的。这些污秽之物被称为黑巫具，匠人会用其挟私泄愤，令主家防不胜防。唯一的办法是，开工前首先要选人品和手艺好的匠工，起码要选与自己往日无仇、近日无怨的工匠。民间有句口头禅：“匠人就是犟人”，意思是匠人性格倔强，很难对付。因此手艺、人品都是雇请匠人前必须要考虑的因素。一旦开工，涉及难题，要平心与匠人协商解决，不得罪匠人。特别在饭食住宿上要好招好待，防止匠工施黑巫术，所以在陕北民间有“会待的待匠人，不会待的待丈人”之说。

石窑洞村落

窑洞前立面格局和装饰

窑洞本身的审美特征主要是室内和室外两部分的装饰，这里专谈室外装饰。室外装饰实际上就是窑脸的造型与美化。而窑脸又包括许多部分，我们会在概括叙述女儿墙、窑檐和拱头线之后，把重点放在窑窗上，窗饰之重点又放在窗棂纹样和窗花上。这是因为窗棂、窗花和窑洞有着须臾不能分离的关系，窑脸乃至整个窑洞的风采也完全表现在这些方面。

窑洞的前部立面称“窑脸”，与人的脸面一样，装饰很重要，所以，人们把窑面称为窑脸。这也足以说明窑洞的外部装饰全在于此，也暗含主人及其子孙后辈为人处事的严谨、讲究。窑面装饰自上而下，包括女儿墙、窑檐、拱头线、门窗等。

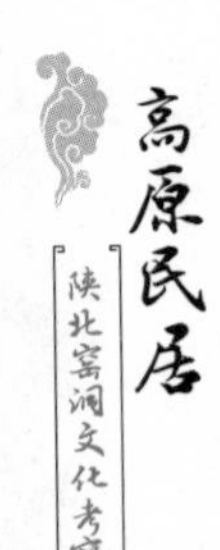

陕北窑洞多依山而建，只有一个外立面，这唯一的立面完全能够反映出拱形结构建筑的特征和门窗的装饰艺术审美。不管家中经济条件如何，人们都力求将窑脸精心美化一番。从最简朴的耙纹装饰、草泥抹面到砖石砌筑窑脸，再发展到木构架的檐廊装饰，历代工匠都将心血倾注在窑脸上。由于地域的不同，历史文化背景的差异，也由于地质、地形、气候等自然条件的不同，窑脸的装饰都会发生变化，而审美的差异则使窑脸以百花齐放的多元状态点缀着陕北高原。同时，因为窑洞多以组合形态出现，这样就还有一个组合窑洞的整体效应。

封闭式窑脸。陕北窑洞锁口窑较少，所谓锁口窑，就是除了门的部位之外，窑脸自下而上，全部用石或砖垒封，门窗小于窑洞很多，几乎只有门没有窗。但窗是通风纳气之所在，兼具采光功能，没有窗户的窑洞在过去很多，一般都是家境不好做不起窗。或者，说它有原始初民穴居时期延续下来的传统习惯成分。

满拱窗窑脸则是陕北窑洞的典型。陕北90%的窑都是这种类型，即窑拱部位上部沿拱形线全为窗子，一直延至中部，一边是门，一边是窗。只有在窗台以下才为砖、石或土坯砌就。但亦有数字的讲究，即砌窗台的层数必须是单数，一般讲究17层为最佳。如果一线起几孔窑，则窗棂纹样追求不一致，变化越多，越能代表其富有和有涵养。窑洞拱洞多为双心拱、三心拱和同心拱，敞亮、大气，既赏心悦目又极具陕北人的审美文化情趣。

中西合璧式窑脸。中西合璧的哥特式窗在陕北也是一个景观，比如榆林天主教旧址的窗洞特色非常鲜明。再如，独具匠心的杨家沟马家新院，其窗洞就有欧洲建筑的味道，11孔窑洞包含5种变化。而对比最明显的是，主窑为哥特式窗洞，右侧为陕北式窗洞，整体不对称，但丝毫没有影响审美效果。

杨家沟中西合璧式窑洞窑脸

枣园窑脸

中共中央西北局旧址窑脸

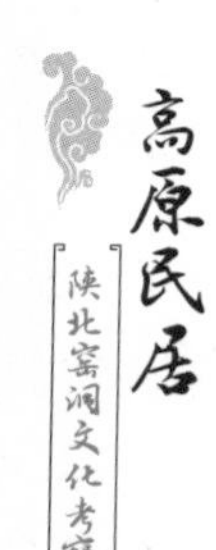

1. 女儿墙

女儿墙是建筑物外高出屋面的部分，呈矮墙状。古代在城垣、寨顶以砖石砌成的矮墙又称胸墙、女垣或女墙，目的在于警戒和防卫。这里所说的是指高出窑面的部分，是防止人或牲畜失脚从窑上跌落，属于一种较简单的防护设施。因位置非常显眼，所以人们习惯加以装饰。富裕人家也很讲究，通常多用砖、瓦和石头砌成，贫寒之家亦以土坯砌筑，还有种刺类护崖植物的，这应当说是极简陋的护崖做法。没有女儿墙，则在崖头加稍高于窑脑的土坡，以防雨水朝前流。然后，在上面种植繁殖力极旺盛的酸枣树、刺梅等，此类植物繁殖起来相当稠密，因带刺，人畜不敢靠前，因人畜跌落被认为是最大的晦气。虽然极其简陋，却颇具田园气息。也有砌成不透风的实心墙，显得稳重、大方；有的砌成花墙，有明暗“十”字等多种式样。随着水泥和砖瓦材料的普遍应用，以及人物、花卉、文字等各种装饰图案的广泛使用，墙的内容更加丰富多彩，用料更加华丽。

高家堡古城粮仓窑女儿墙

马氏石窑女儿墙

2. 窑檐

窑檐又叫挑檐、雨篷、廊檐、护崖檐等，是为了防止雨水冲刷窑崖、窑面和门窗，并供人在窑檐下避雨、劳作、用饭和休闲的。挑檐位于女儿墙底部和拱头线上部，主要有下列几种：

条石托木挑檐。这是接口土窑、石拱窑和砖拱窑普遍采用的一种挑檐。在窑腿正上方的窑顶部位压上条石，通常伸出窑脸一米左右。条石之间横搭木椽或木板，上面铺石板或瓦片。花样很多，有古朴的长方形条石，亦有弧形、三角形条石。论富丽堂皇莫过于米脂杨家沟马家新院的雕石挑檐：11 孔窑洞共用雕石 22 块，均雕有龙纹和云纹，大气而雅致。

石板挑檐。基岩裸露的丘壑区盛产石板，条石上苫盖石板，一部分压在女儿墙下，而凌空的部分即为挑檐。此石板不用牛腿，既代替了横木，也节省了瓦片，一举两得，这样的形式简练明快又古朴，给人以简洁美。

叠石叠砖檐，又称封檐。这是从窑脸上部收顶前，以叠加变化的方式进行装饰，层层突出，砖石摆放百般变化，并对砖石加以修饰，结构严密。这样精美的窑檐装饰艺术，整体上看显得厚实而富有立体美感。

马氏庄园石窑窑檐

枣园旧址窑檐

常氏庄园石窑窑檐

高家堡古城砖窑窑檐

砖窑窑檐装饰

雨篷式挑檐，是突出窑脸很多的挑檐。常有木柱支撑，形成回廊和厦窑。人在廊下可避风雨，亦可劳作、乘凉，是有钱人家的一种奢华装饰，回廊施彩绘、木雕、石雕、砖雕等。佳县木头峪四合院窑多为这类雨篷式挑檐，非常华丽美观。

3. 拱头线

拱头线是沿窑洞拱形曲线外缘所做的装饰处理。拱头线从纵深说，其弧形曲线显示出窑拱的弧度。常见的有，半圆拱、双心拱、三心拱、平头三心拱和抛物线拱等。不同的拱形皆出于保持窑体受力合理和稳定的需要。但不同的拱形形制往往从窑脸的拱头线上反映出来。所以，拱头线反映了窑洞拱顶的纵深形状。

虽然在中国的窑洞类型中，从拱顶曲线上说，上述的不同弧形曲线都是存在的，但以普遍性体现其典型性的则是半圆形，陕北地区多呈这种半圆拱。从功利目的上看，半圆拱中规，便于工匠操作；从中国民间对自然环境的认识上讲，这种图形纹样外形规整、开朗、大气，以天圆地方的观念反映出“圆为美，方为规”的审美理想。所以，这是普遍认同的一种传统模式。而抛物线拱则以其特殊性而别具一格。

土窑洞拱头线装饰一般习惯将其做成草泥线角或砖石镶边。石拱窑拱头线多用石头。石头面大，由匠人凿成竖线和斜线，按一定的纹理排列，形成有规律的反复，既有韵律感又稳重、雅致、大气。砖拱窑以砖、白灰勾线，青灰色的砖间以白色的缝，以细密、齐整而为美。下沉式窑洞多为尖心拱。拱顶做成桃尖形或圭角形。绕拱做成双边或单边，简洁又别致。但拱头线和窗有关系，特别是满拱大窗。因为这种满拱窗是以拱头线勾勒窑洞外部边界的，其装饰务必与窗饰保持审美上的一致性。它既是窗与窑脸的联结，又是二者的分界，其装饰看似简单，但必须保持整个窑脸在审美上的协调性。

窑面与窑窗不在一个平面上，而是缩回去20—30厘米，此类窑称“藏面子”。这种处理可以防止门、窗被雨雪打湿，同时突显出窑面的层次感，显得生动活泼。满拱大窗的窑洞多属这一种。不过，这种藏面子占用了窑内的使用面积，因此稍显不完美。再一种就是“齐面子”，即窑面与窑口相齐。第三种称为“封裹檐”，即自窑口外砌砖石或土坯，一直砌到与窑洞覆土相齐的窑背上，上部做成挑檐，这样，充分延展了窑洞的使用面积。有趣的是，这种封裹檐是贫富两极分化的产物。贫人砌土墼以充分利用空间，富人则利用这种形制极尽装饰彰显富贵。

4. 窑洞窗花

窗花和剪纸艺术天然地存在着联系，因为黄土高原民间旧时把剪纸艺术就叫作“窗花”。但从现在来看，剪纸艺术是一种概念，而窗花只是剪纸的一种形式。剪纸作为一种艺术，在黄土高原上的历史甚为久远。杜甫在其名作《彭衙行》中就有“剪纸招我魂”之句，说的是杜甫于公元756年夏，因避安史之乱，挈妇将雏，从关中与陕北交界的彭衙堡到达鄜州（今富县）羌村的旅途中，遇见以剪纸“招魂娃娃”“送病”的事。这说明有文字记载的黄土高原剪纸至少已有1000年的历史了。同时，剪纸应用的范围也极为广泛，表现的内容、手法和风格也极多，不是窗花所能替代的。比如说，剪纸有贴在窑顶的顶花，装饰炕墙周围的炕围花，吊于门上的门笺，吊在神龛上的吊帘，贴在门扇上的门花，丧俗中的魂幡、纸钱，还有作为祈福辟邪的抓髻娃娃和招魂娃娃、吊吊驴（鱼）。喜事中，女方陪送的物件上贴的喜花等也是民间方俗的剪纸。

此外，窗花应该说是剪纸中量大、面广，继方俗剪纸之后出现的最主要的一种形式。旧时，贫寒人家由于受到经济条件以及材料和装饰工艺的限制，窗花就成为民间简单、大方并能够充分反映民间情趣的一种审美艺术。而窗花和过年联系起来，是因为陕北人乐观向上，喜欢红火热闹，除旧迎新，习惯上给自家窗户糊新纸、贴窗花，喻示着新年新气象。陕北人一般会在腊月二十四扫窑，二十八贴窗花，以一“崭新”的面貌过年。这样就形成了过年贴窗花，来年再更换的习俗。

窗花以吉庆、欢乐和轻松为主调，以人畜兴旺、家人平安、益寿延年、五谷丰登、升官发财、连年有余等吉祥的内容为对象，又借助十二生肖、八仙贺寿、祥云瑞草、家禽六畜、民间传说、历史故事等题材将其内容予以表现。窗棂构架空间的格式给了窗花以限制，同时又给了它向自由王国发展的天地，通风透光又要求其镂空和细线造型的手法，这样，就使窗花成为一种独特的、别具一格的审美艺术。特别是在夜晚，窑洞的外景在灯光的映照下，窗格子上各种颜色的窗花显得格外喜庆红火，无比美丽。

因窗口、窗棂的客观条件，窗花可分为四种类型：

回娘家　三边剪纸

十二生肖（鸡）　张旭亮

单幅窗花　单幅窗花是指一幅窗花自成一个单元，与其他窗花在内容和寓意上无关联，鸟兽、草木、虫鱼、人物、山水等均可。这种窗花一般一格贴一幅，内容相对单一，但小巧玲珑，精致耐看。

拼幅窗花　遇有窗户大、剪纸繁复而又受窗格的限制，又要突出窗花，就必须采取拼幅窗花。一般一幅窗花分四个单元剪成，分别拼贴在四个或两个窗格内，拼联起来成为一个完整的图案。在陕北民间剪纸题材中有虎、鹿、象、马、牛、麒麟等动物，剪纸大而不失其精美的艺术效果。

多幅组合窗花　又叫窗云子，指36格窗花组合的装饰剪纸，往往采取成套的题材。三国故事、水浒故事、红楼故事、唐僧取经、八仙过海、十二生肖等均可。陕北剪纸窗云子是根据具体的窗洞和窗棂，纹样采取左右对折的方法剪成左右对称的鸟兽花卉多幅组合窗花，包括窗洞边饰也剪成工艺图案纹样，内容丰富具有连续性，是陕北人闲暇时自娱自乐的载体。

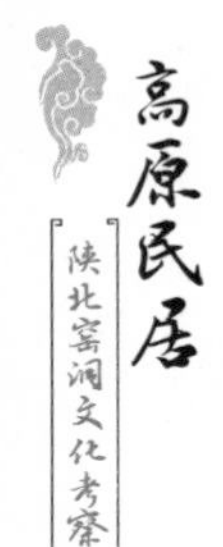

拼窗花

窗云子　佘步英

拼窗花　佘步英

拼窗花

角花　角花是指贴在窗户四角的三角形窗花，通常又与转花构成一幅完整的图案。大幅窗花的四角配以四个三角形窗花，也属这一类。贴角花更显规整、活泼有变化。

拼窗花角花

5. 窑洞门簪

门簪，古称“阀阅”。《玉篇·门部》解释说，“在左曰阀，在右曰阅。”《营造法原》上说，“阀阅（门簪），将军门额枋之上，圆柱形之装饰品，以置匾额者。”而古代又有悬阳物和挂锁子门楣以辟邪的风俗。此后，二者统称为门簪，便具有了辟邪、悬匾、装饰的复合功能。陕北农家门簪除了上述功能之外，还讲究挂锁。孩子过满月或周岁时，得先把长命锁在门簪上挂一挂，再挂到婴儿脖子上，寓意是把孩子寄活到门簪上。不孕的妇女则在没人时，偷着轮番抚摸门簪，民间认为这样可使不孕者怀孕。追根溯源，门簪就是来自生殖崇拜，酷似阳物，摸门簪能使妇女坐胎，实为氏族社会“感孕说”的现代遗存。根据大量的门簪实物考证，门簪制作在窗子的平戗上，由于开关门时会产生很大的惯性，影响门窗的使用寿命，所以，减震、保护门窗、延长使用寿命才是其主要功能。门簪造型考究，寓意深远，内容也极为丰富，有几何图形、瓜果、蔬菜、花卉等。雕刻工艺微妙、细腻，还赋予彩绘。因而还具有一定的装饰与美化作用。门簪的个数一般为一对，但也会出现多个，古代大型建筑上应用较为典型。

不同形式的门簪

不同形式的门簪

成对门簪

多个门簪

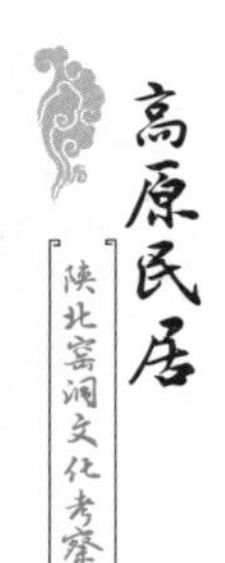

窑洞的内部格局和装饰

窑洞的内部设施及布局最能体现其实用功能。以火为中心构筑的原始形态，莫过于灶、炕和烟道系统，从而解决了窑洞居民的温饱问题。所以，本部分以灶、炕和烟道为中心谈窑洞的内部布局，重点展示投灶儿、炕、土法钻烟洞等民间技术工艺，揭示灶和妇女、灶神的关系。陕北人大都是山区的农户，所以室内的陈设很简单，有锅灶，高低不一的粗瓷菜缸、水缸、米柜、纸缸，存放衣物的大红木箱，一些简单的装饰物，精雕细刻的面刀、菜刀、碗、筷架等。

土窑内景

陕北窑洞的灶、炕、烟道分为两大系统：一是窗灶前出烟系统，二是掌灶后出烟系统。南部的塬区多为前出烟的系统，北部丘陵沟壑区多为后出烟系统。两大系统都直接影响着窑洞的内部布局，使室内装饰显示出不同的审美倾向。共同的次序是：供熟食的灶及进火口→利用过火余热供坐卧的炕→ 供排烟和通气之用的烟道。“锅台挨炕，烟洞朝上”成为陕北民间口头禅，形象地表述了三者形影不离、相依为命的关系。

1. 锅灶

窑洞的锅灶是由古代火塘演变而来的，是全家人熟食之所系。窑洞民居早在汉代以前就出现了灶。黄龙县出土的西汉陶灶长 21.5 厘米，高 10 厘米，前宽 20 厘米，前下方有 4×4 厘米灶门，各部位还有许多纹饰。从灶面上看，呈品字型分布。从三口锅的布局上来看，早在西汉中期，陶灶功能已很完备，煮饭、烧水、炒菜有了明确的分工。绥德县四十里铺出土的汉墓陶灶，呈半圆形灶体，有三釜穴。灶台上周圈排列有勺、铲、钩、刀、刷等灶具十余种。绥德县延家岔出土的汉墓石灶，正侧面有进火口，后有出烟孔。灶面刻大、中、小 3 个锅坑，右侧排列有勺、钩、叉、刷等灶具。这种锅台和灶面三锅形制至今仍在沿用。

陕北窑洞灶台的制作有一种是黄土夯打捶成的锅台，然后旋大小锅口、灶炕和灶门，安上炉齿；另一种是砖石砌成，把石匠事先开好锅口的厚石板套上，形成石板灶面，耐用、易清洗。另外，还有水泥灶台、瓷砖镶面灶台等。

鼓风灶 鼓风灶是依靠风匣鼓风的炉灶。通过风匣鼓风，使柴火充分燃烧，主要解决煮饭的问题，其余热量可供烧炕。由于余热不能完全满足热炕之需，故炕前留有炕洞门，小炕一口，大炕两口，用于填柴烧炕之用。与这种系统相对应的是前出烟系统。它最大的好处是可以废物

鼓风灶

利用，烧柴草，过火煨灰，这些都是生产钾肥的主要来源，也是现代农业最佳的有机肥料。

吸灶 吸灶是利用室内外温差，热气流上升原理抽风的锅灶。在这个系统中，采取灶—炕—烟道渐次升高的办法，以利自然供氧和排烟。灶台和炕的高低比例口诀是“尺八的锅台二尺的炕”。炕与灶台相连的关键部位叫“喉咙”，和人的咽喉一样，是炕洞的进口。炕比锅台高两寸，使咽喉形成朝上的坡度，便于过火、吸烟。由于陕北北部窑洞区多为自然抽风的吸灶，不用风匣鼓风，所以，咽喉是第一个关键部位。咽喉一过，则分岔砌成烟火道，大炕三道，小炕两道，上以石板苫盖。石板以上再用草泥加厚，形成炕面。锅台和烟洞呈对角形，如锅台在左中壁，则烟洞在右后壁，反之亦然。这是为了炕经过火而温度上升。火、烟经狭长喉咽后逼紧，形成蓄势，夺路而出，分股直奔狗窝。“狗窝”为专有名词，是炕和烟洞的连接点和拐弯转折点，可以把烟火漫坡横行变为竖上。

吸灶连带的掌炕后出烟系统是在长期的实践过程中，人们摸索出的一套流体力学体验。它的长处很多：首先是供氧充足，燃烧充分。烧饭、热炕、排烟三位一体，烟洞越高，燃烧越充分，有类于工业社会的高烟囱。民间有丰富的流体力学体验的工匠专做吸灶火炕活，经其手艺的炉灶，因为吸力大，轰然有声、节奏反复。窑洞吸灶、火炕，做饭、热炕搭配合理。饭熟了，炕热了，恰到好处而不必另外烧炕。还有一个功能是隔潮。窑洞民居中，大量的靠崖式窑洞，自窑脑和窑掌不断渗入的湿气经过加热，从烟道排出，使室内保持了冬暖夏凉的独特优势而又不至于渗。“渗”字在黄土高原地区是潮和冷的复合词，高湿度会酿成诸多内外科疾病。

2. 投灶儿

陕北窑洞内部设置中，一个极普通的特殊装置叫投灶儿。中央电视台《正大综艺》节目曾展示过这样一个镜头：窑洞中炕的一角“狗窝”位置的墙面上，揭起一块 5 寸见方小巧的石板，即现出一个黑洞，这就是“投灶儿”。俗谚，“投灶不是灶，顺烟离不了”。所以，投灶儿在窑洞民居中很重要。投灶虽不在灶的部位，却是灶、炕、烟道三者的关键设施。吸灶之所以“吸”，全赖室内外的温差。普遍的规律是，室内温度越高，吸劲越大，燃烧越充分，而这种时候恰是冬季用火的季节，特别是刮大风时，更是如此。然而，有利亦有弊。窑洞的最大特点是冬暖夏凉，炎夏季节或久不用火的窑洞，室外温度高于室内温度 10°C 左右，这时生火，往往倒烟。遇到这种情况，应该揭开投灶板，点燃废纸或柴草投入狗窝。由于这里与烟洞垂直，燃火必缘而上，须赶紧封上投灶盖。在这种上升气流的带动下，灶口和炕洞的空气流入，这时要紧跟着填补真空，才能理顺整个窑洞的空气流向，灶火供足了氧气，形成新的循环系统。所以，投灶就成了窑洞民居中特有的工艺设施和理顺气流的特有补救措施。

3. 炕

炕在北方各地均有，不独窑洞区为然。作为与窑洞融为一体的配套设施，窑居区人都睡炕，而不睡床。《镇原县志》载："陇东多住窑，窑内气候凉，或以柴烧，或以马粪煨，均取其暖也。"这些文献，对古代的炕以及做炕、烧炕取暖的方法做了记载和扼要的说明。炕吸热舒缓，放热也舒缓，冷暖均匀满窑暖，"家暖一盘炕"就是这个意思；同时，硬热的炕皮可以刺激穴位，具有按摩的效果。而"三十亩地一头牛，老婆娃娃热炕头"也充分说明炕给居住在窑洞之中的人们带来的天伦之乐。

盘炕 盘炕就是造炕、打造炕。炕按大小和方位，有占窑洞一角较小的棋盘炕，也有从窑洞至窑掌的顺窑炕。顺窑炕大，住得人多，过去常供旅店、学生宿舍、兵营用。一般来说，盘掌炕，窑多宽，炕就多宽。但炕的长短却有讲究：炕长必为 5 尺 7 寸，这是为求吉利。一则"七"谐音为"妻"，夫妻孕育成功；二则"七"为奇数，为增长的数，寓子孙满炕，易传香火。有些地方风俗中讲究在炕面上留个"炕缝"。炕缝实际上是做成石榴状的凹窝。在民间文化中，讲究不留炕缝则媳妇不生孩子，是出于石榴多籽（子）的文化寓意。

炕因方位、用料的不同，盘炕也不同。主要有三种：

① 石板炕。吸灶后出烟系统的掌炕是先做炕墙，填土至三分之二高，然后顺喉咽至狗窝的方向，砌成两道流线型的矮墙，与炕墙齐。再以俗称糜面石的石板苫盖。糜面石较疏松，过火后，不易烧裂。石板之上再用草泥填充，抹平，打光。有的还以纸筋泥罩面，涂红漆，为红油炕面。石板炕的优点也是其缺点，热得快也凉得快，所以人们采取的措施是尽量将石板上的草泥加厚。

② 草泥捶炕，这是以土柱支撑的草泥炕面。做好炕墙，炕墙开炕口，炕中做条状炕柱。一般小炕一柱，留一炕洞口，大炕两柱、两口。充土

其中至平面，然后以草泥上面，一般厚度为半尺左右。等水分蒸发到一定程度，再用枣木榔头反复捶击，直至捶出水为止。如此反复数次，等到捶不出水来，则掏出填土，填柴烧烘，陕北人把烧烘叫“出汗”。出汗时，炕面铺上麦秸，让炕中水汽蒸发到麦秸上。何时麦秸不再有潮气，则证明炕面干透了。草泥捶炕经久耐用，但做工较为复杂。

③ 泥墼炕，是以草泥填充墼模而成的预制炕面。《镇原县志》上说，“邑人以土墼之方而厚者支为床，谓之炕，亦作坑。”也是炕洞中有炕柱支撑炕面，一般大炕两柱，六块泥墼，小炕一柱，四块泥墼。泥墼的两边担在炕柱上，如此拼接起来，上面再用细麦壳（麦鱼）泥填充、加厚、抹平、打光。泥墼炕实质上和石板炕相同，只是材质不同，优点是保温持续时间长，缺点是热得慢。

传统的农家炕有掌炕和前炕两种。因为两炕方位的不同，使整个室内格局看起来完全两样。掌炕盘在窑掌，这样，使窑掌壁面呈半圆形，俗称“月饼”。这里是中堂的位置，一般会挂老虎图案或山水画，两旁配上对联。窑顶是大型转花剪纸。炕的三面糊炕围纸。现代窑洞的掌炕随着时代的变化，以简洁、明快、亮丽为特色，与旧时炕的布置风格有了很大的不同。因为掌炕距窗较远，采光较差。

掌炕使窑洞内部自然形成：锅台、碗架、水缸等灶具置于窑一侧，另一侧放置箱柜和五四仓。五四仓为石板套成，共 5 块，镶成长 5 尺，宽、深各 4 尺的长立方体，用以储粮。财主家还放银锞子，石面有的雕有云纹等工艺图案，有的还涂上漆，实属摆设中最显眼的一件。

前炕又称“顺炕”或“窗炕”，与掌炕布局截然不同。在陕北的满拱大窗前，妇女坐在窗炕上做针线活光线非常充足。一侧开门，一侧是窗子，窗台与炕相连，炕与灶台相通。这种布局多见于黄土高原的土窑、砖拱窑和下沉式窑洞区。显著的特点是，多为三开窗，烟洞在窑脸部位，为前出烟系统。窗炕会改变整个窑洞的布局。一般的规律是，有炕的一

办婚礼时的掌炕窑内陈设

边自前到后，依次是窗子—炕—锅台—柴火旮旯—面案。靠窑门的一边是桌子—柜子—板架。板架占满整个窑掌，分三层或四层，依照下大上小的规矩，底层摆缸（水缸和腌菜缸），二层摆米面纸、瓦缸，三层为盆、坛罐（专装油的陶瓷罐），四层为碗筷等。人们对板架刻意装扮，瓦罐上画花草并加以油漆。板架最上层有剪纸横幅，两旁木柱有剪纸条幅，称“板云子”。而中堂，则设在炕的侧壁或炕对面柜子的壁上。板架和中堂是这种窗炕布局中的主要景观。

有炕的窑洞，以炕为主。炕不但可以作为主、客卧使用，且作为招待客人就座的主要地方。在陕北窑内虽有椅、凳，但都居于次要地位。家里有客人来，必邀请上炕，按辈分大小坐在炕上，以上宾对待。

在陕北窑洞的炕上常常能看到用牛、羊毛擀的毛毡。毛毡非常耐用，一条好毡一般至少要铺几十年、上百年，所以一户人家不可能年年擀毡，

前炕窑内陈设

前炕窑内灶台陈设

但家家都有毡，炕上必铺毡。穷富看炕毡。在过去，常把有没有毛毡看作是陕北人家穷富的象征。无论走到谁家，都是以炕毡来评判光景的好坏。陕北人炕上的毛毡融合山西、蒙古擀毡的传统技艺。手工制成的毛毡，花纹自然细腻，质底紧密坚实，美观耐用，不易渗土。毡有沙毡、棉毡、灰毡之分。沙毡的原料是山羊毛，山羊毛较硬，沙毡看起来色黑，用起来较为粗糙；棉毡的原料是绵羊毛，绵羊毛较山羊毛柔软，一般颜色为白色，所以棉毡较为细腻；灰毡是杂毛毡，多以难以人工挑选的混合毛为主。为了好看，毡匠在毡面上用红、绿等色制作花样，常见的有“富贵不断头”“单双宝葫芦”“双喜”等吉祥图案。毛毡规格有二尺四寸宽五尺五寸长的单人毡，三尺五寸宽五尺五寸长的双人毡，根据炕的大小还有二五毡和四六毡，还有根据炕大小特制的满炕毡。

4. 烟洞

烟洞即古云之“突”，建筑学上称“烟道”。烟洞，书面又称“烟囱”。“囱”是古代窗的意思。从“囱”字可以看出，原始人的火塘时代并没有正式的排烟系统，而是火塘的烟随便从门窗溢出。《营造法式·卷十三·突》说：“凡灶突，高视屋身，出屋外三尺。”窑洞民居区无论烟洞通向窑顶或通向窑脸部位，均做高低不等的烟囱。

在黄土高原农村，特别是陕北地区的窑洞民居区，都有瓷缸套烟洞的习惯。人们走进黄土沟壑区，每每看到半山腰或崖畔上或野草丛中，一缕缕炊烟从倒扣瓷瓮中冉冉而上，与斜阳辉映，构成一幅别样的田园美景。用瓷瓮套成的烟洞口，不怕雨淋又收风，故有“窟窿套烟洞”。烟道口有的是套瓷瓮，有的是土坯砌成。其上还有撬杆和木盖，绳子拉在院中，以便拉动启闭，生火的时候开启出烟，停火后闭合为保温。这里面既包含科学性又包含人们长期的生活经验。

土法钻烟洞　后出烟系统多为黄土高原的丘陵沟壑区的土窑洞，而环境和条件是形成这种布局的主要原因。在各种窑洞类型中，烟道的建造分两种：独立式窑洞无论是砖拱、石拱、泥墼拱，均由匠工箍窑时在距窑掌 1 米的窑腿上或在距窑口 1 米的窑腿上预留，直至顶端，并高出顶端 1 米以上，这是通常的做法。但对土窑来说，只能采取钻土的办法。其工艺流程是：土窑打就之后，于窑的左边或右边窑腿上掏出一高 2 米、宽能容人的龛，然后绑缚钻具。钻具是呈 90° 的曲尺形。一块宽约 20 厘米、长约 1 米的厚木板作为撬板，撬板的一头缚一相对活动的竖竿，顶端套上钻洞的铧头或矛头，有的则用 4 只镰头或镢头呈十字形缚定。置一木墩于龛底，撬板搭在上面，竿头朝上，对准窑洞外部的位置。操作者反复撬动木板的一头，利用杠杆原理，使镰头或铧头一伸一缩地朝上戳。一竿尽，再续一竿。农家没有精确的测量仪器，所以，烟洞的高度也无精确的操作程序，直至钻透为止。钻烟洞必须有极精湛的技艺，否则会跑偏很远，甚至到别人家的窑顶上。经验丰富的匠工，凭其娴熟的技艺，钻出的烟洞光滑、笔直，出烟顺畅。

窑脸烟洞　前出烟系统一般属于窗炕布局。为了省工、简单，烟洞留在窑脸部位，分内装和外装两种。内装，即在砌窑脸时，预留烟道，直至超出窑顶 1 米许。外装，即砌一四方直洞，沿窑脸而上。这种烟洞较粗糙，有时低矮的烟道口因长期出烟会把窑脸上部熏黑，既不科学，也不美观。

前出烟系统是在烧火做饭的同时利用余热来完成烧炕的。我们知道，古代妇女纺线织布（布机有时也置于炕头）、缝衣刺绣主要在炕上进行，炕占据了室内光线最好的位置。妇女坐在炕上做针线活、取暖两不误。

5. 厨屋

以家庭为单位的窑洞组合，无论贫富，必有一孔为厨屋。这是陕北

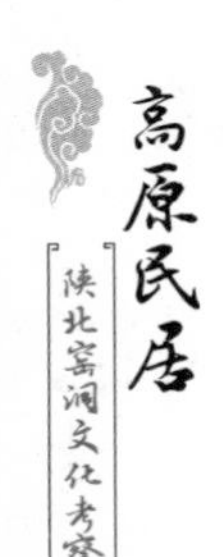

窑洞民居特有的叫法，别的地方则称为堂屋。厨屋是集居住、做饭、吃饭、会客为一体的综合性场所，也是全家运筹的中心。厨屋一般盘有大炕，是长辈的起居之所，主要家当也集中摆放在厨屋。其综合功能、所处地位也远在其他窑洞之上。

通常，一家几代人窑洞居室并不限于一孔，而是多孔组合，这种组合有一窑开一门的，也有内部连通一明两暗或一明一暗的。子辈夫妇按兄左弟右的原则各住一孔。窑洞内也各有炕，但只有煨炕的炕洞而没有灶台。不论是几世同堂，厨屋只有一个，由长辈居住，而且灶神也只有一尊，供奉在此屋。所以，厨屋在家庭中的地位是很不一般的。

在陕北窑洞中，厨屋的一些设施也会反映出有趣的文化习俗。

锅脑，并不在锅台上，而在炕上，位于靠锅台的一角。这个位置由于炕皮底下就是过火的咽喉，所以也有尊贵之意，是婆婆坐炕的位置，其他人不能坐。婆婆经常坐在这里，指挥媳妇烧火做饭。做饭时候一到，媳妇照例请示婆婆做什么饭，如何做，米面用多少。即使知道，也需要经过一番请示。婆婆会具体告诉她，吃面还是吃米饭，甚至具体到要舀几马勺水、几瓢面（或米）。长年累月如此，于是有了“多年的媳妇熬成婆”之说。待到婆婆不能管理，失去指挥能力，媳妇则可取而代之。

灶火墩，这是由树桩截成的圆形木墩，直径以1尺、厚5寸最为合适，是媳妇填柴烧火拉风箱（匣）的坐墩。小凳子之类均不如灶火墩好使。灶火墩在紧要关头可踢来踢去，调适距离的时候也不需要动手挪移。除了拉风匣做饭之外，也是媳妇吃饭的特定座位。陕北媳妇吃饭一般不能和客人同坐，表明媳妇在家庭当中地位最低。

灶王爷，也有称“灶君、灶马爷”的，位置在厨屋灶火旮旯一侧的墙上，其前后与灶火墩平齐。灶神虽说是家家必供奉的显赫家神，但并没有神龛，所以，灶王画就是灶神。灶神像的下面钉有一长条木板，称“灶火板”，是置香炉供品的地方。这灶火板虽然简陋，却有说法。传说姜子牙封神，所有的神仙都各就各位，单剩下灶王没处落脚。姜子牙思来想去，绞尽脑汁也给灶王找不到一个合适位置。忽然在一家灶火旮旯上方，见一农夫搭了一块木板，于是灵机一动，指着这块木板对灶王说："你就蹲在这上头吧。"从此，家家都有灶火板，每逢节令都要上香、贴对联。

从窑洞厨屋的这种以火为中心的布局来看，灶君是由媳妇升级为婆婆，再升级为女性家神的。从时间上说，原始初民自从学会用火熟食起，就以洞穴内的火种、火塘为中心构建室内布局。在原始社会，火灶成为最神圣的地方，由部族首领以及后来分化出家庭的家长所掌握。母系氏族社会，女性全权管理生产、生活和分配食物，必然居于一家之主地位。进入父系制时代，整个氏族、家庭的管理权为男性所掌握，但由于生理、生育、抚养婴儿诸多方面的原因形成了"男主外，女主内"的格局。时至今日，家里做饭、纺织、缝纫等劳务仍多由女性承担。所以，无论坐在锅脑指挥媳妇的婆婆，还是坐在灶火墩上烧火的媳妇，她们仍管理着火和吃饭问题，灶神实际上就是她们形象升级的化身。

从家庭伦理地位上看，媳妇是全家地位最低的，扮演的是伺候人的角色，反映的是一种尊卑秩序。"打到的媳妇揉到的面"是婆婆对媳妇的一种歧视甚至虐待，但也反映出特定环境中婆婆按照自己的模式培养接班人的手段。这种流程正说明火和灶几乎完全为妇女所掌控，男人无权过问。家庭中尽管媳妇地位较下，但勺把子始终掌握在妇女手中，舀稀舀稠，舀多舀少，全在一舀。由此可见，处于封闭状态的陕北至今仍保留有母系氏族社会女性崇拜的印记。

6. 炕围画

炕围画俗称"炕围子""炕围花"。一般的炕围子高约 80 厘米，最高不超过 1 米，因为太高了会不美观。炕围画种类繁多，人物仕女、山水田园、花卉虫鱼、戏曲故事均可入画。但有一定的原则：画善不画恶；

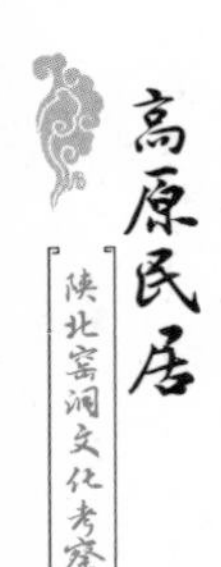

画吉利不画落败；画明朗不画阴暗的；画喜庆不画晦气的；画圆满不画尖嘴猴腮的等等。故画老人必鹤发童颜，画才子必风度翩翩，画佳人必窈窕丰腴，画花卉必蓬勃鲜亮，画鱼鸟必活泼逗人。

炕围画在内容上丰富多彩，种类繁多：有二十四孝、孔融让梨一类的；有苏武牧羊、岳母刺字、军民同乐等忠君爱国一类的；有桃园结义、竹林七贤、伯牙鼓琴等友情义气一类的；有孟母三迁、负薪读书、凿壁偷光、鲤鱼跳龙门、一路连升、三子在朝、五子登科等严格家教、步步高升一类的；有白头富贵、松鹤延年、鹿鹤同喜、三星高照、商山四皓、五世同堂等长命富贵一类的；有鱼戏莲花、莲生贵子、鹦鹉石榴、十二生肖、老鼠嫁女等生殖繁衍、子孙满堂一类的。总之，造型图案、寓意中均包含着陕北人期盼美好和对生活无限热爱的情感。

炕围画很讲究边饰。边饰纹样有大工字、小工字、单万字、双万字、书卷、珍珠、松竹梅兰、二龙戏珠、富贵不断头等，都是最常用的边饰。边饰是画面与墙壁上部相互区分又相互连接，匠工多据画的主题内容选择恰当边饰纹样进行装饰美化。炕围画的难度在于如何把画固定在土墙上且经久耐用。所以，画匠的手艺既要会画，还要掌握处理墙面的技能。旧时的办法是以纸筋泥压底，墙面抹平打光上底色，底色上画画，画好后以铜油罩面。炕围画以艳丽、明快、精细、牢固为宗旨，精心谋划，同时也是经久耐看的壁画。

而剪纸也是一种独具特色的炕围画。剪纸的纹样使炕围画别开生面地升华到一个新的艺术境界。它具有艺术性、普及性和内容的广泛性特征，受到人们普遍欢迎。同时，由于炕围面积大，大幅剪纸也逐渐被推向更高层次。传统的陕北炕围剪纸《狮子滚绣球》、动物人格化的生肖炕围剪纸《老鼠嫁女》、以民间舞蹈秧歌为载体而又反映新时代的《秧歌队》等，这些都是具有代表性的作品。从大量的炕围画中可以看出，其内容及时地反映了百姓生活和时代风貌，在继承传统的同时，也歌颂了人们对美好生活的憧憬，也使作品本身具有很强的生命力和艺术性。

在陕北窑洞里还有一些则以报纸、旧书糊墙代替炕围画。在20世纪50年代至80年代，报纸糊墙是窑洞美化的一大景观。因为报纸糊墙量大，甚至出现从城里专贩废报纸到农村的小商贩。报纸糊墙，一是防墙虱，二是耐用、防人触墙时沾灰土，当然也达到了简单的装饰美化效果。

第三章

地域建筑文脉：典型的窑洞聚落

据相关资料介绍，全世界共有50余个国家和地区有窑洞建筑，其中，最灿烂辉煌的要数中国黄土窑洞。在中国，窑洞建筑主要分布在黄河中游的陕西、山西、甘肃、河南等地区。陕北窑洞讲究布局，注重装饰，在全国最具典型性。

米脂窑洞古城

米脂，古称银州，因“地有流金河，沃壤宜粟，米汁淅之如脂”而得名。千百年来，这里逐渐形成了由街、巷、院组成的全国唯一以窑洞建筑为主体的古城。

米脂窑洞古城，当地群众称它为“老城”“旧城”，因其“老”“旧”

米脂古城鸟瞰

和独特诱人的窑洞形态而备受人们青睐。米脂具有近千年置县史，拥有全国独一无二的窑洞古城和全国最大的几个特色窑洞庄园。杨家沟新院的设计修造者马祝平先生，就被誉为中国最早的窑洞革新家。可以说，走进米脂，就走进了窑洞的世界。迈入窑洞古城，就仿佛迈入了窑洞民居的博物馆。

米脂古城，以十字街为中心。南关城垣，城墙与窑洞相结合，城防与民用相结合，在中国城池建筑史上绝无仅有。李自成行宫是突显窑洞特色的国宝级古建筑。米脂古城建筑以窑洞四合院为主格局，稀缺、独特、珍贵，在全国享有盛誉。它不同于平遥古城、丽江古城、榆林古城等，这些古城是以平房四合院为基本建筑特色构筑的。窑洞四合院兴于明盛于清，主要集中分布在陕北地区。米脂古城拥有元代窑洞遗存，如高将军宅（明延绥镇镇边将军）以及高家、杜家、常家、艾家、冯家等百十个“明五暗四六厢窑”式窑洞大院、套院，布局奇巧，工艺精湛，装饰

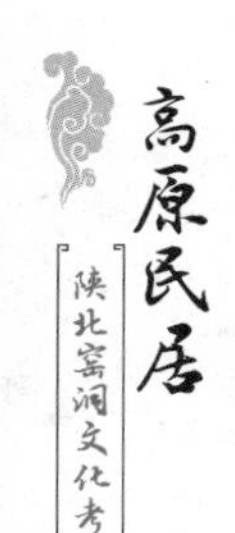

考究，保存较为完好。

米脂古城的窑洞建筑历史最早可追溯到元代，多数建于明、清两朝。窑洞四合院的形式据称由当地大户人家首创，后来普通百姓争相模仿，最终形成了当今世界绝无仅有的窑洞古城。在这些或奢华、或普通、或简陋的窑洞三、四合院里，人们世世代代在这里辛勤劳作，休养生息。当地人不知道的是，在默默生活的同时，他们无意中已将中华民族的一个优秀文化成果传承了下来。

窑洞古城这一独特的中国传统建筑模式，充分发挥了本地自然材料特性，具有低成本、低能耗、低污染的特点，有很强的生态意义，是符合我们当代社会所倡导的生态建筑文化范畴的典范。近年来，这里引起

米脂老街四合院门楼

了国内外专家、学者的浓厚兴趣，不时有考察、研究者光顾。

如今的米脂古城，越来越多的人特别是年轻人选择离开窑洞，搬进楼房。随便走进一户窑洞人家，出来接待的几乎都是年迈的老人。即便有个别年轻妇女露面，一打听，也往往是因为子女上学、做生意等各种原因租住在这里的县城周边农民。俗话说，人气养窑，人是窑建子。有些窑洞因为常年没人居住，已经垮塌。在几次的实地考察中，目睹数百年窑洞的逐渐损毁，令人惋惜。

这些窑洞大多是经历了数百年的风雨侵袭，按理每年都应修补，可是现在因为年轻人几乎都搬到了楼房里，窑洞没人住，自然也就没人去修缮。现在，古城里大约50%的窑洞已成危窑。当然，年轻人不愿住窑洞也有他们的理由。在他们看来，这里街道狭窄，道路崎岖，交通不便。而一院多户的格局里，卫生条件大不如新建楼房。

现在的米脂古城，高层楼房逐年在建。三条大街的沿街老铺门面建筑及百年窑洞院落大门、影壁、脊兽、花草等脆弱部位破损严重。据了解，窑洞古城遭破坏由来已久，特别是改革开放之后的建设性毁坏。许多旧窑被拆除建楼，最为可惜。针对古城保护存在的这些问题，有专家认为，当务之急是由政府有关部门出面严令停止建设性破坏。对于那些自然破损严重的古老窑洞，应抓紧实施抢救性保护，因为一旦失去，将永不能再生。也有学者认为，可以将窑洞古城的保护以项目的形式引资、融资，借鉴其他古城建设开发的模式，用外来资金发挥古城潜在的价值，再拿古城创造的效益来进一步保护、开发古城，最终形成良性循环。

米脂古城保护需要各级政府的重视，特别是国家。最基本的工作是政府部门要使老百姓自觉意识到窑洞古城保护的意义，为古城文化的传承打好群众基础。

米脂古城属延绥襟喉之地，枕山面水，负阴向阳，楼台亭榭，古刹高墙，涧水绕合，固若金汤，陕北民众称其为宝城。米脂古城中有马号圪台、草场、

米脂百年砖窑

饮马河、盘龙山等文物遗存，记载了农民起义领袖李自成将军当年银州驿马、北上用兵、荣归故里的文化记忆。有光绪十二年（1886）由知县骆仁主持修建的粮仓，1940—1942 年为共产党和国民政府临时联合政府驻地的古城石坡 25 号常平仓旧址。米脂古城被城墙、涧水环抱，虽经数百年风雨侵蚀与灾难洗礼，但是，总体格局基本保留完整，雄姿犹在。

米脂地处中原黄土农耕文化与北方大漠游牧文化的结合带。据历史记载，当年宋夏百年征战，数十万大军厮杀米脂川没有攻陷米脂城；李自成将军北上用兵，驻扎在柔远门外盘龙山脚下的饮马河畔，没有惊扰米脂城；清军入中原铲除“闯贼”的一切遗存，劳动人民用智慧保住了米脂古城之盘龙山闯王行宫；清同治年间回民起义，攻城掠寨横扫陕北，几度攻陷绥德城，而米脂城巍然屹立。

李自成行宫窑洞群

米脂扶风小学

米脂众多窑洞建筑群，展现了中华居住文化的独特奇迹。这里历来教育兴盛，人才辈出。米脂剪纸、米脂民歌、米脂秧歌、米脂唢呐、米脂小戏等民间文化的传承与繁荣，使米脂赢得了“文化县”的美誉。

漫步在古城石板铺设的街道上，行走在东、西、北各条大街两侧不规则的小巷里，窑院的大门、二门上无不留有古老的门额题字，也无不吸引众人的目光。

门额题字，就是在门楣上边，书写文字。米脂古城的门额题字，文笔高雅，寓意深远，巧妙地雕刻在大门上方，记录着家族的荣辱与兴衰，寄托着主人的精神和理想，激励着子孙后代。其内容丰富，含义深刻，并与民族传统、辞赋诗文、书法篆刻、建筑艺术融于一体，集字、印、雕、色为一身，包含着社会、人文、民俗、地理、建筑、书法篆刻等丰富的内容。

位于西大街 43 号的大门上方，正中是大大的“贡元”二字。由于年代久远，门额题款已经无法辨认，可以辨认的落款题字为“乾隆四拾二年丁酉□□□高士□”。

翻阅清光绪三十三年（1907）《米脂县志》卷四选举志二，乾隆丁酉科拔贡只有两人，而姓高者只有一人。记载为高士彦乾隆丁酉科兴平教谕。据此，门额上面“贡元”二字，应该是高士彦乾隆年参加丁酉科考试，被选为拔贡后，米脂县知县或教谕为其专门题的字；题款，应该是题字者的姓名、职务；落款的题字“乾隆四拾二年丁酉□□□高士□”中的几个空格，应该补充为“乾隆四拾二年丁酉科拔贡高士彦”。

随着时间的推移，不少具有重大史料价值、书法与雕刻艺术价值的门额题字，已经日渐模糊。目前，米脂古城窑洞院落门额题字的保护形势不容乐观，相关部门和民众如果认识不到这一点，那么，历史悠久的门额题字完全消失也只是时间的问题。

历史文化街区是一个城市记忆保持最完整、最丰富的部分。它们不仅是一个地区、一个城市悠久历史和灿烂文化的最好见证，也是一方民众的精神家园。古城街区内有完好的观阑门、商业铺面、石铺巷道等遗址；有文庙大成殿和具有光荣革命传统的米脂女校；有布衣作家李健候，秦腔泰斗马建翎故居……它们孕育并凝结了博大精深的窑洞建筑文化。

米脂古城主要以东大街、北大街为主骨架，其他巷道呈不规则网状分布于大街两侧，形制保存基本完好。其中，东大街由十字口至东门长约 480 米，两侧店铺林立，是风貌保存最为完整的古街；北大街由十字口至北门长约 340 米，两侧建筑多以住宅为主。全城设有东、南、北三座城门，现仅存北门。米脂古城街道上最具特色的就是窑洞，因其形态独特，成为米脂文化的象征。几百年过去了，东大街的枣园巷、儒学巷、安巷子、北城巷、小巷子，北大街的市（寺）口巷、城隍庙巷、华严寺巷，南大街的东上巷、西下巷、南寺坡等巷道，格局、名称仍未改变。

米脂古城四合院

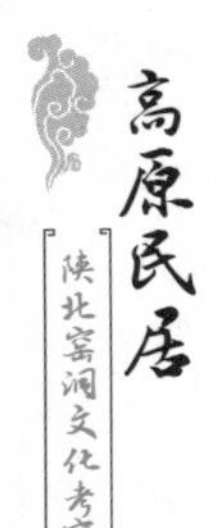

米脂古城保存下来较为完整的窑洞宅院有常平仓、杜岚故居、杜聿明故居、高将军宅以及艾家、冯家等众多的明清窑洞大宅，这些都是陕北最著名、最典型的“明五暗四六厢窑”式窑洞四合院。其中，瓦当、吻兽、砖雕设计细致，院落里的照壁、抱鼓石、月亮门、垂花门、窗棂子原汁原味。

米脂古窑院照壁

多次考察米脂证实：古城许多建筑都是在20世纪40年代到70年代之间被彻底毁坏的，如文庙、礼门、义路、棂星门、大成殿、文昌阁、魁星楼、西角楼，全城11座牌坊无一保留。特别是西角楼，建在原旧城西角城墙上，名西角楼。清乾隆五十年（1785），绅士艾质明等捐款兴建，四方形砖木结构三层楼。楼高约18米，因建在9米的高墙上，愈显高昂，俗语说：“米脂有个西角楼，半截揣在天里头。”每层中砌砖阁，四围12根楹柱支檐，单昂斗拱，翼角微举，楼顶十字歇山脊，四龙吻相向正中宝顶。登楼凭栏，山川碧野尽收眼底。损毁甚是可惜。

常平仓是光绪十二年（1886）由知县骆仁主持修建的粮仓，今整体建筑保留完好。《汉书·食货志》载：“边郡背筑仓，以谷贱时增其价而籴，以利农，谷贵时减价而粜，名曰常平仓。”常平仓南北长约68米，东西宽约36米，总占地面积达2300平方米。其格局为二进四合院，庭

米脂老街北门楼

院开阔，青砖铺地。后院正厅五间，坐北向南，砖木石结构，硬山顶，五脊六兽，砖砌钱币纹正脊，筒瓦覆顶，勾头滴水，雕花雀替，鼓形柱基，八瓣莲花台阶段式柱顶石，镂空方格槛窗，砖砌槛墙，明间六抹四扇格扇门。正厅左右暗房各三间，东西厢房各五孔，即为粮仓，基础、背墙、山墙中心部分用石，窑面券顶用砖，高约 5.2 米，进深 11 米，面阔 4.6 米，窑内原有青石板砌筑的仓子。中间为二门，二门左右各有高 2 米、面阔 1.2 米的拱形小门沟通前后院。前院东西厢房（西厢房已毁），硬山顶，板瓦覆顶，菊花滴水。大门设计精巧，工艺精湛，硬山顶，筒瓦覆顶，兽面勾头滴水，木望板，雕花雀替，灯笼墀头青砖细雕，饰麒麟送子、五福捧寿、官阙寿星，花草宝瓶等图案。距大门 4 米处有水磨青砖照壁（已毁），院墙用石块而砌，与其他建筑形成一个完美的整体。

常平仓始设于元代，明代改为预备仓，到清代复设常平仓，民国改为征收粮赋院。1912—1939年为国民政府（第二科财政所）驻地，1940—1942年为共产党和国民政府联合政府驻地，1943—1958年为米脂县人民政府驻地，后来先后为人武部、县卫校驻地，1979年至今为米脂县委党校。2007年6月28日公布为榆林市第一批重点文物保护单位。

杜岚故居位于米脂县印斗镇红崖圪村，故居坐东北面西南，是由正窑、西厢窑以及倒座窑、马棚、大门组成的封闭院落。正窑六孔，耍头抱厦石板檐，外部草拌泥罩面。窑面上开有三个码头窑（存储小窑洞）。门窗保存较好，均为原门窗。西第三孔是杜岚故居。西厢窑三孔及西南角倒座窑（酿酒窑）檐部、门窗残损，马棚坍塌。大门面南，硬山式，石板铺面，印花脊，脊兽残，檐下施斗拱，门额雕刻“瑞气雅芳”四字，落款“中华民国八年□月穀旦”。该故居建于民国八年（1919），由杜岚父亲所建，现由杜岚的二弟杜芳魁使用。1914年杜岚出生于该院正窑西第三孔的窑洞内。

杜聿明故居

杜聿明故居位于桥河岔乡吕家硷村，现为村民吕立世所有。故居由正窑、南北枕头窑及院墙、大门组成。坐西面东，平面造型呈长方形，南北长 19 米，东西宽 17 米，总占地面积 323 平方米。正窑为 5 孔石砌拱形窑洞，要头抱厦石板檐，石片垒砌女儿墙。石板铺面，外墙壁均为黄泥抹面。南、北各有一枕头窑，面东，凸出正窑，内侧山墙辟有门洞。该故居建于清末，1904 年杜聿明出生于此，土改时归村集体所有。80 年代转让于村民吕立世，90 年代街畔坍塌，新建平房，补修门窗及大门。2006 年 7 月，公布为第四批县级重点文物保护单位。2011 年 6 月 10 日，公布为第二批市级重点文物保护单位。该故居对研究抗日名将杜聿明生平事迹以及近代革命史具有重要的参考价值。

常氏庄园

常氏庄园位于米脂县城以北 12 公里处的高庙山村柳沟北侧，由 3 个大型窑洞宅院组成，即由主人常维兴三子常均和四子常俊（彦丞）继承的中心宅院、长子常英继承的后山窑洞宅院及次子常耀、五子常杰继承的东侧窑洞宅院。清光绪三十四年（1908），常维兴仿刘家峁姜氏庄园兴工，后由其四子常俊建成完工。

常氏庄园的中心宅院整体布局由下院和上院两套四合院组成。上下院建筑两侧对称筑有长排石窑洞，横向展开。大门外用杂石帮畔，高 3.4 米，宽 4 米，长 80 米。左右两端设拱形洞门，沿坡而入。大门柱梁枋檩起架，五脊六兽硬山顶，青瓦覆顶勾头滴水，墀头水磨砖砌，鼓面浮雕麒麟送子，鼓帮雕双狮嬉戏。下院两旁建有对称倒座厅房、耳房，两侧圆门内设碾磨院，东侧圆门内设驴棚、马圈及厕所。登台阶经二门直抵

常氏庄园上院全景

常氏庄园下院全景

上院，正面一线坐北向南五孔石窑，穿廊虎抱，高门亮窗，正窑两侧配双窑暗院，主院两侧各排列厢窑三孔，是典型的“明五暗四六厢窑”庄院模式。二门为卷棚式，双扇双门，平日前开内闭，人行两边，避开主宅直冲大门。装饰彩绘超过姜氏庄园，门侧前壁砖雕松鹤竹鹿，惠草祥云。长子常英继承的位于庄园中心宅院后山的窑洞宅院，正面五孔拱形窑洞，两侧对置六孔厢窑。而庄园的另一大型窑洞院落是位于中心宅院后侧的，由次子常耀、五子常杰继承的窑洞院落。该处宅院由上部“明五暗四六厢窑”院落和下部一线排开的七孔窑洞院落两个院落组成，形成相对封闭的大型窑洞宅院，保存状况良好。整个庄园与山峁沟坡融为一体，建筑依山造势，分台而筑，设计精巧，砖、石、木雕工艺精湛。

常氏庄园坐落在被称为柳树沟的沟底部位，背靠脑畔山，中隔小河，面对白家塔。由于受到较窄的地形限制，常氏庄园顺沟扩展，所以，因地制宜地采取“帮畔”的办法，临沟底台地以块石筑硷畔。筑拱洞门是为出入口，沿坡上下是为车马道。石拱洞门连接左右墙，形成一个独立的单元建筑体系，是典型的宽展型窑洞庭院。

常氏庄园的大门为砖木结构。彩绘梁檩枋柱举架，砖石镶砌峙头，上部对称砖雕人物吉祥图案，门楼上部脊兽硬山顶，青瓦滴水苫面，门扇镶圆形黄铜铺首，门道两侧安置青石抱鼓墩，鼓面精雕麒麟送子，鼓帮雕双狮嬉戏。整个彩绘砖雕精细、工巧、耐看。穿过前庭，是15级石阶，上为垂花门，题额“务本敦伦”。卷棚顶，木结构举架，彩绘，铁质方形铺首，其后为四扇组成的圆门转扇。只有红白喜事开启，平日里四扇关闭，以避主宅直冲大门。但转扇因胡宗南进攻陕北掠去抬伤兵，已不复存在。门侧前左壁砖雕竹鹤图，右壁砖雕松鹿图。门旁蹲一对张口狮子，左为爪下玩绣球的公狮，右为爪下抓狮儿子的母狮。

常氏庄园上院宽23米，深16.38米。正面5孔土窑深7.74米，宽3.57米，高3.95米，由于高、宽宏阔，加之满拱大窗，室内纳阳采光均极充分。

正庭有石拱圆门通左右侧两暗院。东西厢窑的窑脸石面光洁，满拱大窗窗棂、窗格设计精巧而富有变化。底院宽达 21.5 米，而深仅 7.7 米。大门两侧是对称倒座厅房及耳房。东西两侧过月洞门，为两偏院，东为畜圈，西为碾磨院。前庭方石铺地，泄洪排水系统设计精巧。主庭自然落差泄流前庭，前庭地面铺设有慢坡凹形浅水槽石，路面平整且水流通畅。近大门，有下洪竖井，达一定深度则穿过大门和硷畔，泄入沟底。这种地下泄洪退水暗道在陕北农村，别无第二家。

由于讲究门当户对，常家、姜家、马家互有姻亲关系，宅院之间互相借鉴在所难免。常氏庄园较姜园晚修 34 年，大致借鉴姜园窑洞架构的模式，就连“癸山丁”的坐字也与姜园相同。马家新院吸纳了西式建筑风格。姜园又专请北京专家设计，吸纳了北京四合院的格局。常氏庄园基本上是以

常氏庄园四合院门楼

常氏庄园四合院垂花门

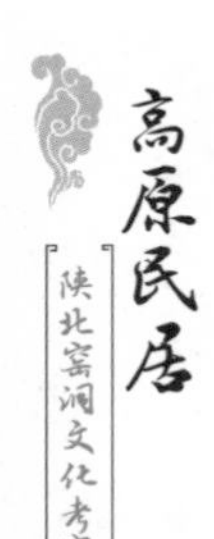

姜园为蓝本，从山西打回底样后又补充完善，形成自己的特色。

① 常氏庄园背靠脑畔山，前临冲沟小溪。由于受到山和沟前后狭窄的限制，常宅被设计成只有上院和底院两个窑洞院落的组合，且向左右伸展。

② 常氏庄园坐落在高 9 米的石畔上，突显其错落。大门 5 级石墀又抬高 0.8 米；垂花门石墀 15 级又抬高 2 米。五孔正窑建在 5 级石墀之上，再抬高 1.2 米。如此，三处台阶总落差达 4 米。从硷畔进入大门，会给人以不断提升的感觉。过垂花门，前瞻主窑，与两厢厢窑高低对比明显，突出了主窑的主导地位，而显得主庭富有变化。这种比较大的落差，自然与山麓下土体的实际落差情况有关，能够减少太高地势的土方搬运量，

常氏庄园四合院中院

常氏庄园四合院门楼

常氏庄园四合院院门洞

常氏庄园四合院暗窑

省工省钱，同时，在恰当利用地形、塑造顺应自然的空间艺术方面，又得到妙趣天成的审美效果。

③ 主庭与前庭结合部的窑洞处理，更是一绝。常氏庄园主庭东西厢窑最末尾的一孔，从门里进去，朝南开一过洞，穿洞而过，是两孔小窑。窗子开在南面，成为前庭的一部分。小窑充分利用空间光线，显得相当隐蔽，外人不注意几乎看不出来，这样处理体量空间，是很少见的。

常氏庄园虽不及姜氏庄园宏敞，工巧整齐程度却毫不逊色。常氏庄园建筑规模大于姜氏庄园，但又小于马氏、党氏窑洞庄园，豪华程度也优于党氏，是隐身于山沟的一处典型窑洞建筑。

姜氏庄园

姜氏庄园是陕北高原特有的窑洞院落与北方四合院相结合而成的民居形式。它建在黄土沟坡，又融归于大自然，体现出高原田园的风情，将黄土沟壑墚峁、窑洞群落，以峰回路转、渐次变化的方式展现出来，给人以自然、朴实淳厚的美感。

宅院位于米脂县城东 16 千米的刘家峁村牛家梁黄土湾子，由该村首富姜耀祖兴建，建于清朝同治、光绪年间，历时 13 年，耗巨资，在当时已是有名的院落。姜氏庄园由山脚至山顶共分三部分。

第一层是下院，院前以块石垒砌起高达 9.5 米的寨墙，上部筑女儿墙，寨墙上砌炮台，外观犹若城垣。道路从沟壑底部盘旋而上，路面宽 4 米，中间用石片排列竖插，既可作为车马通道，又可排泄雨水。道路两侧分置 1 米宽的青石台阶，直至寨门。门额嵌有由主人姜耀祖题写的“大岳屏藩”的石刻。穿寨门过涵洞可登高到下院。下院当初是作为管家院使

姜氏庄园

用的，其主建筑为3孔石拱窑，坐西北向东南。两厢各有3孔石窑。倒座是木屋架、石板铺顶的房屋。左右两窑背后的两孔枕头窑作为仓库使用，充分利用了体量空间又极其隐蔽。倒座马棚是喂养牲口的。大门青瓦硬山顶，门额题“大夫第”，门道两侧置抱鼓石。正面窑洞北侧窑腿处设有通往上院的暗道。在下院外，寨墙北端有井窑一孔。井窑内有一口从沟底向上砌的深井，安置手摇辘轳，不出寨门即可保证用水。宅墙上砌炮台，形若马面，用来扼守寨院。居高临下，人从井窑的小窗口可直接射击攻打寨门者。这座宅院的设计及防守功能都令人称奇。

姜氏庄园入口

沿第一层西南侧道路穿洞门抵达第二层，即中院。院西南又耸立高8米，长约10米的寨墙，将庄院围住，并留有通后山的门洞，上有“保障”二字石刻。中院坐东北向西南。正中留大门、圆门转扇。大门系明暗柱、斗拱举架，青砖山墙，雀替、驼峰、拱枋彩绘，五脊六兽硬山顶。圆门水磨砖雕，精细典雅。东西两侧各3间大厢房，附小耳房。厢房两架梁，悬山顶，四抹格扇门，斜、方格窗棂，耳房阔1间，卷棚顶，铺筒瓦。值得一提的是东厢房比西厢房高出20厘米，这一差别是由于在古代，往往是以左为尊位，在方位上以东为上，在建筑上表现为东厢房尺度略大于西厢房。人们从视觉上看，微小的尺度变化并没有破坏建筑的整体对称，但从文化内涵上来说，它满足了人们心理上的某种追求。正中建门楼，

姜氏庄园膳窑

姜氏庄园水井窑

姜氏庄园下院门楼

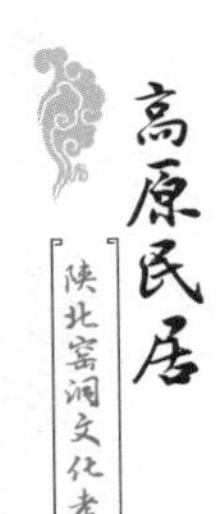

沿石阶踏步而上到达第三层。

第三层即上院，是整个建筑群的主宅，坐东北向西南。正面一线 5 孔石窟，称上窑，单孔宽 3.1 米、进深 8 米、高 4.5 米、室内相同，盘土炕，设暖阁橱，青石板铺底。檐头穿廊高挑，上砌十字花墙。门台高 1 米，宽 1.5 米，围护花墙。院子两侧各 3 孔厢窑，穿廊抱厦，后为长约 14 米的枕头窑作为仓库。倒座正中即入院的门楼，砖木结构，柱梁门框举架，双瓣驼峰托枋，小爪状雀替、木构件皆彩绘，卷棚顶。门扇镶黄铜铺首、

姜氏庄园中院门楼

姜氏庄园中院照壁

云钩、泡钉，门洞置方形石雕门跪，上雕小石狮。大门两旁设神龛、护墙，浮雕垂花门两侧设神龛。护墙上有鹤鹿松竹浮雕、图案花边。东西两端分设拱形小门洞，西侧去厕所，东侧下书院。整个庄院后设寨道，通过寨道均可到后山。

姜氏庄园设计精巧，功能完备，施工精细，布局紧凑，整体构造与山势浑然一体，对外严于防患，三院互相通联，是陕北高原上的经典庄园建筑。

在为庄园整体格局所震撼的同时，认真琢磨各处细节，会感受到其中的科学设计。且不说门楼上精心雕琢的木刻福寿图，也不说中国特色的影壁前后寓意吉祥的鹤立鹿卧图，单是院落中间巧妙利用了水循环驱虫、散热的石床，就充分展示了当时设计者和匠人的聪明才智与精湛技艺。整个院落可以说是中国民间建筑学、雕刻学、物理学的一个展览馆。姜耀祖死后，1947年土改，除留上院正窑给本家，其他部分均分给贫雇农。笔者到过姜氏庄园4次，近期再去考察，规模犹存，已开发为旅游景点，部分损坏也基本补新，庄园里仍有本家后人居住，并有大量农具、家具等保留下来。姜氏庄园算是迄今陕北地区窑洞建筑的典范，也是原生型

姜氏庄园厨房出水口

姜氏庄园下水池

建筑。原因是这里山大沟深受外界影响少，自然条件较恶劣，发展主要依靠传统意识，这就造就了姜氏庄园的独特性、珍贵性。农业文明必然带动居住文明，它留给我们思考的是这一建筑是否称得上原生建筑的鼎盛之作。

马氏庄园

清道光年间，杨家沟村以马嘉乐为创始人的“马光裕堂”凭借地租、高利贷致富，同时又因在陕晋各地经商有道而聚集了大批土地、财产。百余年内，繁衍分出 51 个大户。同治六年（1867），马嘉乐的孙辈马国士为防备“回乱”，在杨家沟西山建了扶风寨。后来，就以扶风寨为中心，以“堂号”（户）为单位形成一组一组的庄院群落。这些院落依山峁沟谷的凹凸褶皱走向而建，从而避开泥石流、洪水、塌方、斜溜之害，顺势于墚峁沟谷间，高低参差，款式多样。院落随山就势，村道上下蜿蜒，四邻通连，鸟语花香，空气清新。随着阳光的转移，晨昏变换，山景树色，真切地诠释着“山气日夕佳，飞鸟相与还”。大自然消解了人类拥挤的喧闹，而窑洞赋予了山体活跃的生命，这样一派田园景象，给人以超然的静谧美。

庄园的建筑群包括寨门、城墙、沿沟不同标高而建的层层窑洞院落，还有泉井窑洞、宗族祠堂、老院、新院等，构成一座宏伟的窑洞庄院。古寨聚落建在沟壑交叉的山峁环抱中，寨门设在沟底下。过寨门，钻涵道，经过曲折陡峭的蹬道、泉井窑，再分南北两路步入各宅院，最后爬上一个陡坡才能到达山顶的祠堂。从祠堂向南俯视山崖下，村寨尽收眼底。

从总体的规划布局上可明显看出，古寨在选址、理水、削崖和巧妙运用高低错落的沟壑地貌、争得良好窑洞院落的方位等方面，都处理得

非常好，符合生态环境自然和谐的原则，而在构图手法上，善于运用对称轴线和主景轴线的转换推移。

庄园内有几组多进窑洞四合院，其内外空间组织、体量之间的自然联系，布置得井然有序、尺度均衡，映衬着陕北人自然朴素的人文情怀，也能看到在封闭的农耕文化背景下，典型的以土地为生的地主对庄园的管理状况。马氏庄园的建造时间距今已有 300 年的历史，和绥德党氏庄园前后差别不大。要说与后来建造的新院相比，老院更显田园，更与自然相融相生，更显幽静。

庄园众多院落中，以马国华之子马祝平修建的“新院”最具创新性。

马氏庄园全貌

马氏庄园祠堂

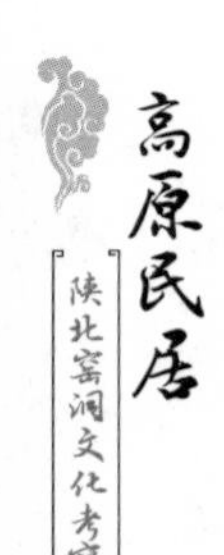

新院于1929年动工，修修停停，直到1939年未竣而停。原设计的二层楼房未建（至今可见其二柱础）。马祝平曾留学日本，在建筑学方面见识颇广。他吸收西方建筑的造型特点，结合陕北窑洞自行设计，并聘请当时名匠李林圣领工石匠马兰芬、木匠王应民操持石木活计。施工极其严格，即使一石一木不合主人意也须另选。

新院建筑背靠30米的崖壁，用人工填夯形成宅基庭院。主体建筑为一排坐北朝南的11孔石窑，有出有收，一破呆滞。正中3孔主窑突出，两侧6孔缩进，边侧两孔再前伸，平面呈倒“山”字形。立面挑檐深远大方，挑檐石精雕应龙祥云，搭檩飞椽举折，檐随窑转，回转联结。檐顶青瓦做滴水，窑上砖栏透花女儿墙。主窑两侧开小门，正面外露4根通天石壁柱、3组仿哥特式桃尖形窗户。主窑内部空间相通，分寝室、书房、会客室。方形石板铺地，地下砌烟道。室外建地下火灶，用于冬季室内取暖，也可保持居室清洁。窑内还设有暖阁、壁橱。东侧窑墙上留出拱形洗澡间，主窑两侧配中西式门窗拱形窑，边窑置西式窗户。窑前门台宽敞，有休闲纳凉的不同设施。院落树木扶疏，东侧建城堡式寨围墙门洞，额题“新院”二字，其他配套建筑均未完成。

马祝平称得上是我国最早的窑洞革新者，他在窑洞建筑设计手法与艺术风格上卓有创造，不论单体建筑，还是通达新院的道路环境设计，均颇具匠心。欲达新院大门，须绕过叠石涵洞，经过老院大门户和蜿蜒的坡道，跨过明渠暗沟，爬上两段台阶，才能到达门前的小广场。广场与院门呼应，成为造势的佳作。在空间构图上，中西兼顾、变化得当。在这里，中国古典园林中“隐露相兼”的构图手法运用得极为成功。步入新院堡门，宽阔舒展的庭院内，枣树摇曳，梨花飘香，土色的窑洞墙上洒满了翠柏的光影，使这座塞北怡苑更显生气盎然，有到了异国他乡的感觉。

1947年冬，毛泽东、周恩来率中共中央机关转战陕北时曾在此居住4个多月，成为重要领导人的住所。1971年对外开放，现在已是榆林市

马氏庄园杨家沟中西合璧新窑全景

马氏庄园局部

马氏庄园局部

重要的旅游景点之一，同时也是八一电影制片厂的外景拍摄基地。

考察马氏庄园多次，感触到的庄园面貌一次和一次不一样，每次都会发现少了一些原有的东西，特别是一些工艺精美的木雕拆除得无影无踪，旧门楼也被新门楼取代。且不说这些物件的去向，就翻新来讲也应基本恢复原貌，尊重历史，不能随心所欲。全国各地类似的问题普遍存在，这必须引起人们的关注，也是需要有关部门去思考的问题。

马氏庄园大门木刻

马氏庄园水井窑

吴堡古城

吴堡古城，又叫吴堡石城（吴堡旧城），位于吴堡县宋家川镇东北2.5公里黄河西岸山巅上。吴堡远在旧石器时期便有人居住。随着生产工具的改进，人们开始箍窑，现在保存最早的古建筑为宋、金时代建筑。吴堡古城也是西北地区迄今保存最完整的千年古县城，原为堡寨。建于后周广顺元年（951），重建于刘豫阜昌八年（1137），寨主兼将军折彦若重修吴堡石寨。金正大三年（1226）由寨升县。它地处黄土高原之东陲，黄河中游之西滨，扼秦晋交通之要冲，头枕黄河，东以黄河为池，西以沟壑为堑，南为通城官道下至河岸，北门外为咽喉要道连接后山，真乃“一夫当关，万夫莫开”之险地。同时，它又坐落在黄河天险的石山上，所以被古人誉为“铜吴堡”。

据古城居民王象贤叙述，自1938年日本兵从黄河对岸炮击古城开始，大部分居民就去别处逃生了，而不愿意离开这里的老人就一直住下来。他们用水全都是靠天上下雨，然后把雨水收集起来藏在井里，有时候下一次雨，他们就可以用半年或者更长时间。过去，古城设施齐全，县衙、文庙、城隍庙、监狱应有尽有。

吴堡古城是一座石头古城。城墙用青石头垒就，所有城门也由石头箍就，居所基本是砖石构建的窑洞。古城很小，仅占据了一个山头，山下是黄河。2014年7月份去古城，城内杂草丛生，人行困难，依稀的石头路可以辨认出来。城门口的几间民居显然早就无人居住，透过残缺的石头墙可以看到院子里的磨盘和蔓藤，窗户上的纸不知什么时候都已掉光，显然很久没有人气了。古城里有两座土地庙，里边有几尊塑像，虽

石城中四合院门

石城四合院

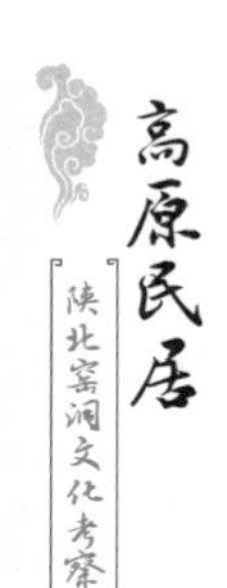

然重修的年头不长，但极具乡土气息。古城内外枣树遍布，这是过去古城人的主要经济来源之一。

古城于 1543 年，知县李辂在任时增筑了瓮城，建南北门楼。万历三十五年（1607），知县杜邦泰在任筑东城楼曰“生聚”。万历四十二年（1614）知县卢文鸿在任建西门楼曰“威远”。崇祯年间，知县简国宁在任筑建南外门，曰“带砺”。清雍正八年（1730）知县詹绍德在任时开北门改向黄河，南北门楼改曰“南薰、北固”。清乾隆三十一年（1766）知县倪祥麟测得城周长 403 丈，内城墙高 7 尺—1 丈。是年倪祥麟大修城郭，于乾隆三十四年（1769）落成。民国二十五年（1936），吴堡县政府由古城迁至宋家川后，古城遂成为城关镇的一个行政村（现名古城村），进而被逐渐荒置，如此，倒是使古城免遭被拆毁的厄运，得以完整保存下来。

瓮城遗址

2006年，古城被国家批准为全国重点文物保护单位，吸引了许多专家学者，各地游客也随之增多。古城由于以前交通不便道路崎岖，居民大部分迁走。霍世文秧歌词中唱道："吴堡古城变成村，腾得没落几家人，不是因为有克星，只因交通太不行。"现在交通好了，一条水泥路直达旧城，开车从县城出发只需15分钟。古城现只有一户人家，85岁的王象贤夫妇，两位老人很热心，只要是来古城、对古城感兴趣的人，他们都细心讲解，恨不得将古城的故事讲完。

千年吴堡古城是宋代陕北典型军事城堡的形制。城门上的城楼已坍塌，但城门券洞完整坚固，城门额所嵌石匾已严重风化，但可辨上刻的"迎恩"二字。入古城北门，登上林草丛生的高土台，呈现在眼前的是明清时吴堡县衙遗址。古县衙是一处分南北两院两进的四合院。南院古时曾是县衙衙役们的居所和关押男女囚犯的牢房。牢房石窑残存，而衙役们所居的西窑洞尚且完整保存。进入北院，当年县衙前、后大堂及六房衙署已成一片废墟，残墙断壁，遍地砖石瓦片，荒草丛生，但仍看出古时县衙署的布局及其规模。县衙北院旁现仅存一小破庙，当地群众称之为衙神庙。步入小破庙，才发现这竟是元明时期陕北典型的枕头券式石窑。庙宇内供奉的神像已经不复存在，但东西两壁上的壁画除一些地方被人为破坏外，大部分仍保存完好。这两面壁画所绘都是古代骑马官人及随员出巡的场景，绘技精美，由于绘画使用的颜料像是朱砂、铅丹一类的矿物质原料，所以，壁画历经了数百年之后，仍然保持着鲜艳的色彩。目前壁画没有采取任何保护措施，裸露在废墟中。

县衙废墟西南是明洪武初年始建的南北街道。踏着用石块铺成的狭窄街道，沿途可以看到古时两旁沿街的店铺，全是元明时期的古老残破石窑洞，旧时陕北的客栈、饭馆、杂货铺、驼队等闪现在眼前，这种美妙的感觉在其他古城镇是很难寻觅到的。在古街南头，走入一幽深的小巷，

衙署大门

衙神庙

衙神庙内壁画

来到绥吴佳革命根据地创建者王国昌的故居。这处出檐石窑四合院是明清建筑，造型古朴别致，极具陕北传统窑洞建筑特色。

城东有兴文书院，系清嘉庆十九年（1814）知县张履臣创建。院内正面石窑3孔，为校部，厦檐盖顶。东西各有石窑3孔，供学员居住，院中有讲堂三大间，前有月亮门，取月中折桂之意，盼每位学生成才。大门上有木刻对联一副，系当年贡生宋步庠书写，上联：进步文明，所望诸生有志，下联：热心教育，休云此地无人，横批：何地无才。民国时期改为高等学堂，成了传播先进文化的中心。大门外有一草坪，是学生们体操活动的场所。吴堡许多革命志士都是由此地走出的，如张毅臣、王国昌、慕生桂等。

书院背后有大型木质贞节牌坊一座，两柱一门（牌坊已毁）。王象贤叙：相传是小寡妇的丈夫病重，为了给丈夫冲喜，十三四岁就结婚。

因丈夫病重不能参拜天地，拿公鸡上头，不久其夫病故，小寡妇一直守节至 90 多岁老死。当地县令以其贞节，修建贞节牌坊楼一座以励后人。由贞节牌楼向上走，不远处有一座清廉牌楼，是为清初本县知县詹绍德而立，曰：不受曰廉，不污曰洁，以清为民，以廉养德。四柱三门砖木结构。（已毁坏）

王象贤叙：南门外石塔寺有大钟一口，重两三千斤，钟耳有二尺高，内坐四五人玩牌亦不受挤，这就是吴堡八景之一——古寺晚钟。对面戏台的天花板上绘有三国人物，古时候每年由官府出钱唱三天大戏。大堂内院东西各有石窑 4 孔，为办公用地。二堂三间，东西厢房各一间。三堂五间，东边书房二间，厨房、马号共 8 间。西边书房 3 间。东西两端各有花厅两小院。最后边，正窑 3 孔为知县起居所用，兼办公。

城内有文庙（孔庙），元代戊午年（1318）创建，明洪武三年（1370）

石城兴文书院遗址

重建。《吴堡古城春秋》记载：庙宇气势宏伟，占地约3000平方米。最前面有大照壁一座，墙东有礼门，西有义路，棂星门系牌楼式三门四柱，十分精巧美观。其左有明伦堂，右名宦祠、乡贤祠并建，前泮池，上有龙桥，再往上为戟门，俗称三门洞。后有月台，上边是正殿五楹，东西两厅各五间，正殿系悬山顶式的建筑，飞檐琉丹，工艺堪称一流。四角有风铃摆动，微风吹来悠扬悦耳。正殿檐前有3个大金字“大成殿”，笔法苍劲有力，气势恢宏。殿内摆大卷头供桌一张，正位神台上供设孔子和孟子的两尊牌位。月台东侧曾有千年古柏一株。树大根深，枝叶茂盛，4人抱合不拢。据传：未建城时就有此树，可惜于1943年被新政府县三科伐倒卖掉。礼门的临街门处还有清雍正三年（1725），吴堡典史立碑一通，上书：“文武官员军民至此下马”，可见，当时人们对孔孟的尊敬和信仰。每年春秋二季节（春分、秋分）二日为孔夫子祭祀日，均杀牛敬献。

吴堡古城城隍庙在县署东北方，明洪武八年（1375）知县范仲平始建，天顺、嘉靖、万历、崇祯与清朝乾隆年间，均有重修。城隍庙在人民心中是解除凶恶、护国保邦之神，并管理阴阳之亡魂。在南北朝时，各地相继建立机构形式，与当地衙门一样，分为阴阳两个衙门。《吴堡古城春秋》记载：庙前有高大木旗杆一对，并有石狮一对守门，前两厢房也有二鬼守门。三门洞上面是戏台，天花板上画的是封神榜人物。左右两边是钟鼓楼，开戏前钟鼓齐鸣。正殿3间，雕梁彩绘，做工精良。正中一匾额上书“善恶分明”，旁有木刻对联一副：做个好人心正身安魂梦稳，行些善事天知地鉴鬼神钦。每年三月二十八日和五月初一、清明时日，人们会抬上木雕城隍出行，敲锣打鼓，前呼后拥，热闹异常。轿前要有属龙属虎两位青年护轿，绕城一圈，街道两旁善男信女陈设香案，拜祭神灵。五月二十八日是城隍寿辰，唱3天大戏，各地点香还愿的人汇聚在这里。庙院内有古老的大柏树一株，和文庙之柏同样粗大，枝叶繁茂，庙院全被遮住，夏天人们看戏不用受晒（后来也被县三科砍伐卖掉）。

城隍庙遗址

从许多资料可以得知古城建造或许更久远。1923 年县城内发现有打制的石斧、石刀，三次文物普查发现很多旧石器时代窑洞遗址，如庙峁稍遗址、蓬禾渠遗址等。沿黄河和清水河流域、统汇川流域，仰韶文化、龙山文化遗址比比皆是，已发现的有 27 处。在这些遗址中，出土的有磨制的石斧、石刀和粗糙陶器。

古城的城墙保存情况基本完整。传说南门不能朝正南开，否则会有灾难降临。后来，城里的人们为了交通上的便利，便在瓮城上开了个豁口，就这样，交通便利了，可是城墙被破坏了。瓮城不大，约 200 平方米，里面早已是废墟一片，除了城墙还算完整之外，一切都不复存在。穿过瓮城来到南门前，南门同瓮城门一样也只是一个石头垒成的石洞。门洞不是很大，上面有一块石牌，写着两个大字“石城”。门洞里，有以前

南门内城墙上“城里村”碑

安装城门留下的印迹。走进南门进入古城，回头向上看，南门上方的城墙上，横放着一块石碑，上面写着“城里村”。

历史上，吴堡曾是一个多民族杂居之地。在夏、商、周时期，这里为少数民族活动之地。到了秦汉时期更名为肤施县(今天的横山县党岔镇。战国魏文帝时期在此设上郡治所，秦汉沿袭，215 年废），曹魏两晋被匈奴占据，北魏开始单设县，名为“政和县”，取政通人和之意，西魏改称“延陵县”，隋改称“延福县”，含祈福之意，历时 500 年。唐设堡，后汉立寨，后被西夏占据，历时 86 年。宋元丰四年（1081）收复，归河东路石洲定湖县，前后 140 多年。设县距今已有 1500 多年的历史。

县志上记载吴堡县名的来历还有段传说。在元朝末年，内地爆发了红巾军大起义，蒙古人抵挡不住，向塞外撤退，把江左吴人向边塞押解，其中一支渡过黄河后，就在吴堡这个地方安营扎寨，建立城堡。因多以吴人为奴，这个堡就叫作吴儿堡。

当地传：古城有一次差一点搬修到别的地方。在清朝修建古城的时候，原本打算将县城搬修在寇家塬，已经定型，并做了标志。动工之前，忽然一天晚上，来了一只白狐仙把标志旗叼走了，县太爷派人四处寻找，最后，在古城发现了标志旗，人们说是城隍庙里的千年狐狸不愿离开老城，因而将旗插回到了老城，所以最终还是把县城修建在了原来的位置上。咸丰八年（1858），回民起义军曾攻打古城，历时数月一直攻打不下，最后，得知城内无水，唯一的一口井还是苦水井，便围困数月，城

石城西门

内姓吕的县太爷亲自掌管这口井，规定每人每天只能分得一勺水。然而，就是靠着这一勺苦水，古城里的人们与回民军对峙了数月，最后，回民军见攻打不下，最终退去。千年的历史曾使古城经历了无数次血与火的洗礼，如今仍有要塞遗风。现有基本完整的城墙长达 1204 米，城墙均由砖和石头包砌而成。东、南、北门均保存完整，西门重建，东门曰闻涛、南门曰石城、西门曰明溪、北门为望泽。虽然古城规模不是很大，但整体结构险峻、紧凑。千年石城，千年窑址，唯它莫属。而今，它的未来让人担忧，让人揪心，因为它不能再生，需要呵护。

古城的考察前后一个多礼拜，了解了很多关于古城的事，如古城大

石城北门

石城东城墙

炮、古城牡丹花等，不逐一列举，但还要强调古城石窑四合院。在古城里清晰可见的四合院很多，较为完好的、能基本理清的有五院：王永清、王久清、王济清、王佐清、王仲清和南城李家大院。据王春育整理材料，这些窑洞四合院始建年月都无法得知，只是说很早。王春育老人生在古城生活在古城，是对古城了解最多的健在者，他对古城的感情超出任何人。近些年他一直在默默地收集、撰写古城的过去，并把自己收集的有关古城的珍贵文物无私地交给县文管所。考察时许多材料都是他无私提供的。

王永清窑洞四合院位于北门内东侧，紧靠城墙，一排六孔。全部古式大厦檐，出面石窑，整齐美观。圆门大窗，均为双扇门，外套风门。西筑两孔厢窑，东建 3 间瓦房。门楼古式古装，五脊六兽，红油大门，正中悬挂一块金字大匾，上书“义行可风”4 个大字。倒座马棚全是石圈，

王永清宅

院内青石板铺底，整齐干净。

久清是永清的弟弟，两弟兄算是城里的富户。砖木结构石式大门，顶上两坡，五脊六兽威严壮观，砖雕各种飞禽走兽，栩栩如生。窑院正窑5孔，古式厦檐，门窗炕围俱全，风门花般六样。北厢朝南3孔石窑，南厢是仓库连厨房共计3孔石窑，靠近大门。正西是倒座窑，骡马牛驴圈带厕所。过洞后又有两孔是碾磨、柴炭窑。院内青石板两层铺院，白灰垫底。

济清、佐清住在西街，与王久清院是两对门，但修建不及久清院宏伟。正窑5孔，没有厦檐，均系石板压檐。东西两厢各有3间瓦房。门台大约有二市尺高，土院，牛马、碾磨俱全。虽说此院俭朴，但从本院出去的人确是人财两旺，气象更新。

古城人称东街家，是指王仲清全家老小。本院在城里的四合院中可算最阔气的。但不是王仲清自家建置的，而是另一王家财主的宅院。这家人移到别处将此院完整地卖给了王仲清的爷爷。五尺高的台阶上建5孔出细面石窑，穿廊露明柱，大厦檐，红门绿窗，双扇门带风门。台下中间及两边都有踏步，靠西有石洞通向厕所，天阴下雨去厕所淋不着雨。高台下东西两厢房各有3孔石窑、倒座5孔，全是大厦檐，没有明柱。脚下做半尺高门台，雨水滴台下。倒座5孔窑中间系大门，并多加装饰，大门额题“恩被槐堂”金字蓝底匾，上下款无法辨认。东边两孔是牛马圈，西边两孔系库房。整个院落全是砖铺地面，白灰灌缝。靠大门建有照壁，毁坏严重，装饰几乎看不到。前院靠西石窑3孔，东边因地形关系修了小窑。大门建得有气势，五脊六兽，飞贯挑檐，全部砖木结构。大门上牌匾书“秀声天府”。

李家大院正窑只有3孔，大厦檐，出细面石，窑中上眉嵌石匾，上书“会德是依”，上下款因年久已无法辨认。院子不大，西边两孔出面石窑，东边是瓦房，中间有墙，是一墙分家，西为李家，东为部队营房。城里人说“这是一星管二”。此院很有来头，只是后人不知情而已。

李度科宅

石城中的四合院

党氏庄园

党氏庄园，坐落在绥德县白家硷乡东贺家石村，从明朝晚期至民国年间党氏家族在这里先后修筑了72院以窑洞为主要建筑的宅院，因属党氏大家族，72院相互连通成为党氏庄园。此庄园从四世党盛荣起，经五世阳字辈大兴土木，历经六辈人逐步完善，历时近百年，终于建成竣工。建造时间与米脂石窑古城相近，建筑形制、装饰陈设都基本相同。窑洞群规模较大，气势宏伟；依山就势，层叠错落；雕刻精湛，装饰典雅；整个建筑群的砖雕、木雕、石雕、彩绘，独具匠心，美观精巧，有极高的审美价值。从庄园整体看，布局严谨，多为四合院，有土窑、接口窑、石窑、砖窑。

党氏庄园依山傍水，深藏不露，设计精巧，建筑考究，砖瓦磨合，精工细做，斗拱飞檐，彩饰金装，建筑总面积达100余亩，其规模远大于常氏、姜氏庄园。党氏庄园以一世祖简陋的接口土窑为中心，向四周各方向扩建，占了两条山沟。门楼装饰，匾额内容、图案、寓意变换与常氏、姜氏庄园基本相同，不同的是这里三进院少。据县志记载：党氏庄园曾建有城门、城墙垛口，还有通向山后的暗道，防火、防盗功能齐备。

党氏庄园和马氏庄园一样都属陕北窑洞庄园颇具规模的靠山式村落，散发着黄土地传统文化的精神、气质与神韵，是全国最大、保存最完整、最具有特色的城堡式的以砖、石窑洞为主体的特色民宅。这里林草茂密，土地肥沃，泉水甘甜，人民勤劳朴实。目前大多数党氏后人都迁到外地谋生，部分仍然生活在祖先留下来的窑洞里。现在党氏庄园已没有往日的辉煌，少数窑洞不同程度损坏、坍塌，不能居住。庄园里每个院落都有磨坊、马厩，石磨、石碾子、石床。特别是在其他庄园没有出现的石头雕成的花圃，上面为方槽，培土栽花，下面则是鸡窝，鸡粪常常成为培育鲜花的肥料。花圃不大，约 2 米见方，造型精美，合理利用，巧妙科学。史料记载的重要建筑已不复存在，但整个庄院石铺道路，可以通向各院的明道、暗道、排水系统完好，村民仍在利用。村民、政府部门也开始对庄园进行维修和保护，在 2013 年 3 月公布的第七批全国重点文物保护单位中，绥德党氏庄园名列其中。我们考察了这些古村落，最受触动的是这里的人们世代相传的积极向上的生活态度、朴素善良的民风和对待苦难的乐观心境，是那么自然明朗。能让更多的人来这里体验、感受或许社会上不再有贪婪的人、浮躁的人，明白劳动幸福、勤奋快乐，身心才会永远健康。

绥德党家村

绥德党家村局部

绥德党家村局部

绥德党家村门楼

绥德党家村门楼

绥德党家村小巷

党家村花盆

绥德党家村门额彩绘

义合古镇

义合古镇位于绥德县城东30公里处，是绥德县第一大镇，素有“雕阴首镇”之美称。所谓雕阴，秦统一全国后，实行郡县制，始皇帝初分全国为三十六郡，上郡为其中之一。今绥德为上郡，上郡辖肤施、高奴、雕阴、阳周等县。

据相关资料介绍，义合取自论语“朋友，以义合”。秦汉时为边郡兴盛之地，隋唐以后誉称雕阴首镇，西夏、宋、金设义合寨，金正大三年（1226）升寨为县，明清设义合驿、义让里，为绥德州四大集市之一。民国年间设联保。新中国成立后设区、公社、乡、镇，历来是绥德东区的政治、经济、文化、教育中心。义合古镇依山傍水，建筑有土城墙、城门楼、百年石箍窑，出现两层式石窑洞旧址多处。特别是独门窑院极具特色，窑院选址就高，大门踏步多级，彰显门楼的高大宏伟。

义合古镇全景

义合古镇四合院门楼

义合古镇四合院门楼

高家堡古镇

神木县高家堡古镇也是陕北保存最完好的窑洞建筑古镇之一，是北方边塞文化的象征。城池始建于明正统四年（1439），原隶属葭州，清末划归神木管辖。古镇位于神木县城西南 50 公里的秃尾河东岸，距明长城西北约 5 公里，为明长城的重要关隘。该城平面呈长方形，东南城墙长 311 米，南北墙均 431 米，残高 6.5—9.1 米，基宽 7.52 米。城墙上部建有 1 米高的女墙，间有垛口、瞭望洞。北城头修有三官楼，东南角建有魁星楼。有保存较好的上下两层窑洞，目前，大多数旧窑洞都在 20 世纪 60 年代被人为拆建成平板房用于镇各单位办公。

高家堡古镇的建筑格局工整，是一座非常规整的古城。镇中心的中

兴楼中间有十字穿心的门洞，贯通东、西、南、北 4 条大街。城中最宽敞的是南大街，据说是以前的商业街，两旁的房屋尽是店铺，如今店铺开门营业的很少，大部分铺面都已搬到古镇东边的公路边去了。西大街有一院门上书“中国人民银行”，还有一院“高家堡公社礼堂”，高墙围着礼堂，礼堂的院子里现在是一片菜地。北大街一座院落，门楣上用水泥字写着“高家堡红旗生产大队”，也都记录着近几十年高家堡的历史。四合院式的古老石窑大多在与东西南北 4 条大街相通的小巷子里，有大厦檐、出细面石，也有砖木结构石式大门，顶上两坡，五脊六兽威严壮观，砖雕各种飞禽走兽。大窑口，门窗敞亮，窑院均小于其他陕北四合院。高家堡古镇，现只有西门和东门的门洞尚保存完好，特别是西门楼下的数百年石窑洞保存极其完好，令人称奇。无北门，南门属重修的新城门，但东城墙已毁坏，而南北城墙各有一段保存得还算完好，都是砖

高家堡古镇局部

包的夯土城墙。高家堡的中心点是中兴楼，楼下有4门拱洞，中兴楼正南面书“镇中央”3字，据说是明代一秀才所书，也有中原将领所题一说。考察发现，这里的建筑不成体系，较为凌乱，可以清楚地看到古堡鲜明的蒙古族文化的印记，异族风情尤为突出。现在的古镇古巷多为后来修缮的居民建筑，窑洞的比例占得很少。

高家堡古镇四合院门楼

高家堡古镇北门洞

高家堡古镇南门楼

高家堡古镇老街

高家堡古镇门楼窑

木头峪窑洞古镇

木头峪，古名浮图峪，亦称浮图寨。木头峪古镇位于佳县城南的黄河西岸，背依大山，怀抱黄河，枣林环绕其间，古为秦晋贸易往来的旱码头。近年来，古镇以风格独特的明清古石窑和山水相映的人文景观、真切的农耕文化载体、叹为观止的黄土人生存记录，吸引了来自全国各地的游客。

木头峪由于河床宽而无石，水势平缓，历史上曾成为黄河中游的一个重要货运中心，非常兴盛与繁荣。木头峪古民居多建于明清两代，由前滩、后滩组成，中间有戏楼广场相连，两条村街贯通南北，东西皆有小巷相接，错落有致，排列整齐。院落造型均为方形，每个院落的结构大都由正窑、左右厢房、下院过厅、大门（重门、侧门、正门）厅房、马棚等组成，明柱抱厦，恢宏大气。建筑材料多为石头，石窑、石墙、石门、石路，厚重、宽敞、坚固是独立式窑洞群落的典范。每个院落规模和工艺虽因财力有较大差别，但建筑均讲究方正、齐楚、对称。建筑风格既不同于江南水乡民居和老北京的四合院，也有别于黄土高原的其他窑洞民居。

在多处古窑院中，几乎每院的明柱上都有用树条编织的大筐整齐搁放在窑厦下，成为村落的一道亮丽风景。这是村民们自古传下来专门用来晾晒红枣的农具，实用而富有特色，也反映了当地人靠山吃山、靠水吃水，与自然环境相生相依的关系。每院的大门皆悬挂门匾，上刻代表主人身份和道德追求的文字，既是一幅幅精美的书法作品，也记录着窑居主人的人文修养，如“德为寿徵”“尚德者昌”“德音难忘”“积德乃昌”等。大门的门头上有各种各样的雕刻。比如苗家大院的门头上，彩绘着木雕

木头峪四合院

窑厦下的大筐

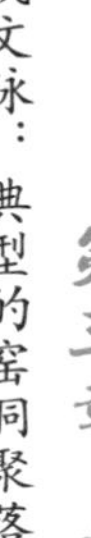

木头峪古镇

双凤、戏曲人物，下有鹿羊图案和砖雕双象头图案。门匾上书“诗书门第”4字，院门有五脊六兽。起脊建兽的建筑是古代贵族的象征，要么是达官显贵，要么就是家财万贯之人。

木头峪是陕北黄河边上的一个有400余年历史的古村落，居民以张、苗、曹三姓为主。苗氏不只是望族，更是有德之族。苗家数代人经营文化，为木头峪的人才培养做出了巨大贡献。据资料记载：清代，木头峪村出了4位进士、2位举人、1位拔贡、6位知县、9位训导及53位贡生和秀才；新中国成立后，木头峪村出了省军级干部4人，地市级干部13人，大学教授8人。自民国到现在的一个多世纪里，小小的木头峪产生的戏剧演员多达数百人。了解了这些我们不禁会想到朴素的窑洞里会有如此深邃的文化，耕读是那么重要，黄河风情是那么浓郁和淳厚，明白了什么是原生态及其独特的魅力。时代在发展，木头峪具有代表性的陈年古景不仅仅是石窑洞的记忆和先民们生存的痕迹，更多的是我们应该对窑洞文化和窑洞先民们重视教育、厚德载物、追求美好生活进行深入思考。

木头峪私塾院

木头峪四合院门楼

木头峪窑院门楼

木头峪窑洞院落

木头峪街巷

革命旧址窑洞

党中央和毛主席等老一辈无产阶级革命家在陕北生活战斗过13年，留下了一大批宝贵的革命文物、革命纪念地和丰富的精神财富——延安精神。陕北全境内的革命旧址有多处，其中有米脂杨家沟，延安凤凰山旧址、杨家岭旧址、枣园旧址、王家坪旧址、红都保安革命旧址等。其建筑基本都是以石箍窑洞为主。因多为旧时的有钱人、

凤凰山旧址窑

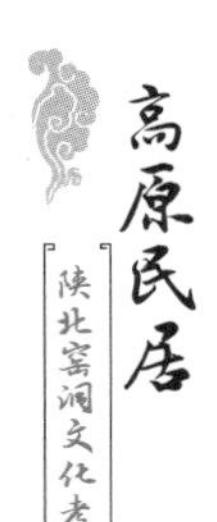

财主宅院，故建筑规模大，各种设施完备，设计精美。需要指出的是，尽管这些窑洞都是利用旧时留下来的老窑，但门窗纹样，部分构件、功能都有很大的改动。其改动有实用性、自然性、社会性，包含了很深的时代内涵，与其他窑洞形成了强烈的对比，具有鲜明的革命精神特征。如枣园旧址窑的五角星窗格纹样、冉字形纹样，杨家沟毛泽东故居下窗是水纹、上窗中间是太阳纹，杨家岭旧址的左右耳窗均由半个太阳纹组成等，构成了一幅东方太阳即将照耀整个中华大地的美丽画卷。陕北革命旧址窑洞均已对外开放，并有专门的管理人员，窑址和周边绿化都好于其他革命旧址窑院，是到陕北必参观的旅游景点。

凤凰山旧址窑

枣园旧址

杨家沟毛泽东旧居

杨家沟周恩来旧居

西北局接口窑

第四章

陕北人的窑洞情结

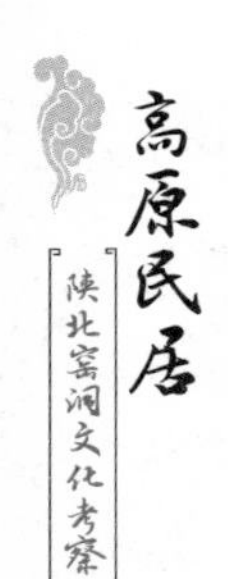

爱住窑洞的陕北人

生活在陕北的人们都会对居住的窑洞有着种种道不尽的情怀。爬到最高处，鸟瞰陕北高原和窑洞，不难理解他们博大的胸怀和抗争精神。住在窑洞里的那些朴实无华的父老乡亲，甚至一生中连名字都没有的小脚媳妇，他们身上透着一股力量，一种信念，一种对艰辛现实的淡化，一种对窑洞的无限敬仰。伟人毛泽东也因这一方灵山圣水而激发出："山舞银蛇，原驰蜡象，欲与天公试比高。须晴日，看红装素裹，分外妖娆。江山如此多娇！"有了这样一首脍炙人口的千古绝唱，谁又能不向往窑洞生活呢？

陕北人朴实、豪放、乐观、勤劳、容易满足。陕北人对窑洞情有独钟，因为窑洞曾经给过他们无限的恩惠。他们欣赏窑洞，赞美窑洞，坚持传承守护窑洞是对故土的热爱与眷恋，是他们与生俱来的最为真挚的情感。我们尊重并崇尚这种情感。在黄土高原有太多因窑而得名的县、乡镇、村落。如陕北的瓦窑堡、石窑、崖窑、瓦窑沟、南窑、土窑、瓦窑、白土窑，山西的窑头、丁家窑乡，宁夏的窑山镇等。以窑命名且已有 300 年历史的村落就有 200 多个。如窑子沟门、新窑沟、前新窑、炭窑沟、吴家窑子、高家窑子、崖窑沟、瓦窑湾、李盆窑子、后窑子、新窑湾、张窑子、小崖窑、东窑沟等。特别是以姓氏命名的窑洞村落数不胜数，瓦窑、新窑、石窑、土窑、三层窑等重名的窑洞村落也是各地都有。从地名的频繁使用可以看出窑洞的久远、窑洞的地位及其对人们生活的影响。

秋天行走在陕北的田野，金黄、淡紫、浅白摇曳在背着沉甸甸的庄稼、走在秋阳里的农民脚边。蹲下身去，会觉出淡淡的芳香，还有雨后黄土地

陕北人　张勋仓摄

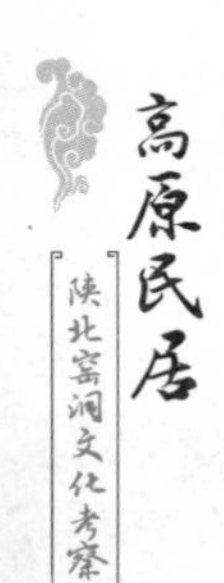

泥土的味道更是那样绵长。观察陕北人的服饰、礼仪似乎更感有活力、具人气，让人想歌颂劳动，歌颂土地，歌颂大自然的恩赐，歌颂世世代代生活在这块土地的人们。

路遥这样一位土生土长的陕北作家，用《人生》把上世纪 70 年代的陕北人的生活，以文学作品的形式记录、描绘、流传开来，让更多的人了解黄土人家，了解陕北人的方方面面。 陕北人在不断改变着窑洞，窑洞也潜移默化地影响着陕北人。陕北人离不开窑洞，窑洞也离不开陕北人。

陕北人在社会交往时有自己的称谓。由于山大沟深交通不便，长期

出牛　张勋仓摄

封闭，人们与外界的交往似乎仅局限于本地域内，像亲套亲、亲串亲非常普遍，故有“十家九亲”之说。乡里乡亲，见面的时候都相互以亲戚辈分相称，即使拉扯不上亲戚关系的，也以年龄大小，称呼“干爷”“干大”“拜识”或“老姐姐”“老姊妹”等。

陕北人在日常生活中必须与家禽、牲畜打交道，在喂养当中相应地形成一些召唤用语。如叫羊就是“咩——”，叫牛就是“哞——”，叫鸡就是“咕——”，叫猪就是“唠唠——”。而一些无法形成的统一叫法不同乡俗就各有办法。

陕北人十分注意礼节。陕北人十家九亲，交际中重视以礼待人，农家尤其宽厚好客。中常之家自不用说，而贫寒家庭借米借面借鸡蛋，也要让客人吃饱吃好。亲戚朋友上门，热情接待。人们认为，亲朋上门是喜事，也是光荣，是亲密的象征，也是对自己看得起的标志。如果亲友彼此远离，平日不上门，是生活破落和穷的缘故，是被人瞧不起的无声评论，故称无情无义，不成体统。来迎去送，极其温暖。不论谁家来了亲朋，邻里都喜欢串门问候，拉家常，表示邻里和睦和亲近。

吃饭见人要让食，走路遇客要问讯，乘骑牲口要下坐。谨言慎行，称呼长辈必须带称谓。平时来客，一般开门迎接，让客人先进，并双手敬酒、敬烟，举坐和让饭，以示礼貌。有客进门，不能睡着不起搭话，如是，则视为不礼貌。在炕上时应盘腿端坐，忌横躺斜卧。

20 世纪 50 年代前，女人不下地干活。农业学大寨运动中打破男耕女织的分工规范，因此，妇女思想解放，见识越来越广，和男人一样赶集上会。

陕北人到别人家做客十分有讲究，可归纳出十忌：

一忌开门不进家。在陕北老乡家做客，开门要立即进家，不能开门后探头探脑，东张西望，这样认为很不礼貌，会引起主人的不满。

二忌上炕不脱鞋。客人在主人家中上炕时切记要将鞋脱掉。常言说：“上炕不脱鞋，惹得狗都嫌。”还有一种认为是有意糟蹋人。但有两种

陕北小脚老人　张勋仓摄

人可以不脱鞋，一种是一岁以下的小孩子，另一种是小脚老太太。在陕北人的观念中，礼不上老小，刑不及老幼。

三忌笑声不开朗。如果在主人家中说话，发笑时一定要笑声开朗。不能闭住嘴靠鼻子发笑，这是对主人最大的不尊重。陕北有“鼻子笑人没深浅”之说。

四忌衣帽不整洁。去别人家中做客，不论穿坏穿好，穿新穿旧，主人是不会介意的（因为人有贫富，生活水平有高有低），但要穿着整齐、干净。这能说明一个人爱好程度（爱好是爱干净的意思），否则会留下“癞流溻水”的印象。

五忌问年龄大的男女为啥没对象。在陕北找不到对象是一件没面子事。本来人们就很着急，如果总是有人追问，大家会认为是有意给别人难堪或者认为是在揭别人的短。俗语“打人怕打脸，骂人怕揭短”。

六忌孤僻不爱小。如主人家中有小孩，要有意地去逗一逗，头上摸一摸，抱一抱或亲一亲，引起小孩的高兴、嬉笑，不能恐吓小孩。

七忌晚辈吃饭坐上席。在主人家吃饭，一般是不能坐上席的，只有长辈客人或老年客人才可以坐上席。如是同辈客人，虽然主人谦让，但只能与主人平席而坐。如是晚辈，还应主动请年长的主人或客人坐上席。

八忌抢先动碗筷。在主人家吃饭，不能独自先吃，虽然主人再三催让，但还是应该招呼全家人都来吃，至少要与陪同自己的主人一齐开始吃。如同时有几个客人在座，一般要等待他人吃饱后方可放碗筷。要先放碗筷，必须说：你们慢慢吃。主人一般是要等待客人都放下碗筷吃饱后，才放下放碗，这是对客人的一种礼貌。

九忌问人伤悲事。在主人家说话要有分寸，一般不问一些引起主人伤悲的事情，因为询问伤悲的事情会引起主人家痛苦的回忆，气氛变得沉闷。如无意间引起悲伤，也要安慰他们，让他们尽量想开点，并想办法使他们情绪很快得到缓解。

十忌临走时不告别。做完客了，动身回家时一定要向全家人打招呼，并邀请他们抽时间也来做客。这样，在你临走时，他们会全家人将你送出大门。千万不要不辞而别。

陕北百姓很讲礼尚往来，不论红白喜事，收别人的礼物后都要还礼。过节令，要彼此互送食品。近邻之间，凡吃好饭，送一碗给老者或小孩。过去的好饭就是一碗面条、一碗水饺，根本谈不上吃肉，可是这份人情从20世纪80年代后就再也没有见到过。亲朋患病，多带营养品前去问候、安慰，也要给看望者还礼或者请吃饭。

在陕北，旧时人们普遍的生育观是“三鸽出一鹘”，就是说，要想使后代出类拔萃，首先必须形成一定的生育规模。因此，无论是男是女不能生育就很没脸面，所以，求人丁兴旺、多子多福就成为他们最基本的要求。光景过得再苦也觉得坦然，觉得有盼头。民国前，男性结婚年龄一般在15—17岁，女性的结婚年龄在14—16岁。新中国成立后，男性结婚年龄一般在21—22岁，女性在19—20岁，而城镇青年结婚年龄一般会偏大。

男婚女嫁，称“红事”“喜事”。大体经过打问媳妇、见面（相亲）、定亲（订婚）、商话（议话）、嫁娶等程序。嫁娶男方称“娶媳妇”，女方称“出嫁女子”。不论是娶媳妇还是出嫁女子过喜事或者抬埋老人过白事（丧事），摆酒席都是不可少的，又有“吃八碗”“坐席”或“坐桌子”等说法。在生产习惯上，他们的逻辑是“东山不收西山收，阳坡不收背洼收”，以到处无节制的广种来应对可能遭遇的各种不测。务实就会得到回报是陕北人的根本思想，所以，不论怎样不顺、不如人意都不怪别人，先反省自己。所谓“脸丑不能怪镜子”“天旱不望疙瘩云，家贫不上亲戚门”“庄稼不认爹和娘，深耕细作多打粮”“宁种一亩园，不种十亩田”“人哄地皮，地哄肚皮”“人勤地生宝，人懒地生草”“吃不穷穿不穷，打算不

陕北人　张勋仓摄

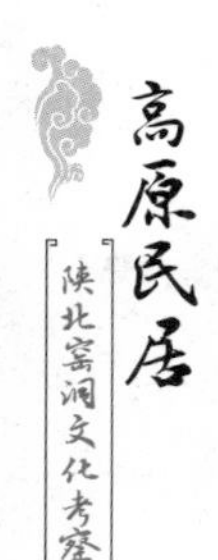

到一世穷”“一天省一把，十年一匹马”“三年不抽烟，省下老牛钱”，都是陕北人在长期与黄土、窑洞打交道所得出的经验。

由于地理缘故，陕北有十里乡俗不一般的事实存在，就是说，十里地的路程可能风俗就会不同，如婚丧嫁娶、各种讲究、方言、对家人和亲戚的称呼、礼仪、饮食习惯、生活禁忌等。陕北人的丧葬，死者未满 12 岁，认为魂不全，不能举行葬礼。5 岁以下夭折，请一年长者将死者用干草裹身送往山野，不掩埋，让其自然风化。老者去世时，举行隆重的丧礼仪式，俗称“白事”。一般丧事要经过丧前准备（做寿衣、棺材），初丧（请亲戚、告知下葬日期、择穴打墓、做纸活、订吹鼓手），请灵，迎纸，午祭（上贡品），下话，破狱搭桥，施食，祭饭，撒路灯，入殓，出灵，下葬，酬客，一系列环节完毕才算结束。老人去世，过百日、头周年、二周年、三周年，三年内贴春联，只是黄、绿色，忌用红色。陕北把红白喜事的随礼俗称“行门户”“赶事情”，这是当地人与人交往的重要形式，如有未请到者，视为瞧不起，往往引发矛盾。行门户礼钱，多少无定。

招女婿，俗称招亲，即招方因膝下无子有女，所以，将弟兄多的男子招上门成为继承人，这里有改姓和不改姓或半改姓三种。不论哪种男子都必须在女方落户，改（卖）了姓的男子死后，也必须埋在女方。

站年汉，是指 20 世纪 90 年代以前一些因贫穷、没钱娶婆姨的男子，婚前在丈人（岳父）家干活三到五年后，方可娶其女的风俗。这种习俗延续时间较长，现在已难考究。

换亲，换亲有以老换小、以小换老和以小换小三种。以老换小，一般是娘没钱给儿子娶媳妇将自己嫁给女子的父亲换儿媳妇；而小换老刚好相反，女子为给父亲找伴，将自己嫁给婆婆的儿子换后妈；以小换小是双方都将自己的女儿嫁给对方的儿子，双方既是公婆又是亲家；总之，无论哪种情况基本上保持互不给彩礼。不过，也有老换小的时候，老方给小方出一些彩礼。

陕北人习惯把同姓亲戚称“家门自己”，把其他亲戚叫“自家亲戚”。除了家门、亲戚外，有时还有“拈香兄弟、姊妹”。

拈香，在男子间又称结拜兄弟，妇女间又称结拜姊妹，在农村较为流行。必须是由有威望的长者主持，并烧纸裱相互叩拜，根据各自年龄排出长幼次序，然后一一焚香，同念“不求同年同月同日生，但求同年同月同日死”“有福同享，有难同当”等誓言。喝兄弟酒，并同时倾酒于地，意即“一碗酒水一张纸，谁卖良心谁先死”。拈香姊妹则显得较为简单，有的仅三言两语，点个香就算结拜了的。

窑洞人家大多都很相信神灵，供奉财神、天地神、门神、灶神，兴建各类庙宇等。要是天不下雨，兴抬楼子祈雨，给龙王庙烧香许

拉话　张勋仓摄

口愿，送上布施祈求天能降雨。口愿多为唱戏三天或请书匠说几台书等；或将庙里的龙王神放在太阳下暴晒，让龙王知道旱情，达到求雨目的。

叫魂，在陕北到处都有，人因受怕（惊吓），整天无精打采，久病不愈，在民间会被认为可能是魂不在身上了，俗称“魂丢了”。家人要为其叫魂，一般要连叫三个晚上，才可魂归附体。除了迷信外，陕北人在许多细节处也有不少禁忌，比如婚嫁禁忌：姑不引人，姨不送人，孕妇、寡妇更不能迎送新人；新娘引进大门要将石磨、碾子盖上，怕冲了青龙、白虎星；娶亲忌用骡子和公驴；新郎新娘忌在娘家同房，以后也不能。女子不能在娘家分娩；婴儿剃头，舅舅不能在跟前。节令禁忌：正月初一忌扫地、倒垃圾，上午忌担水；正月忌理发，有理发死舅舅的说法；二月初二清早忌打水、洗衣，怕伤龙眼。日常忌：忌碗扣头，免得龙抓头、遭雷劈；忌用筷子打猫，否则猫会叼回蛇，带厄运；杀猪忌相互递刀子；人死了不能说死了，老人要说“殁了”或“老磕了”，小孩要说“撂了”“堆栽了”。

陕北碾子

陕北占陕西省面积的三分之一，这里的人们相信有穷人，无穷山。主要作物是糜子、谷子、荞麦，以杂粮为主。食品有：荞面饸饹、剁荞面、摊馍馍、黄米馍馍、黄米捞饭、小米干饭等。有谚语“吃饭吃米，做事讲理”。夏季有豆角、西红柿、黄瓜、韭菜、莲花白等。冬季有洋芋（土豆）、白菜、萝卜、腌酸菜等。肉食以羊肉、鸡肉、猪肉为主。水果有桃子、梨、杏、红枣、苹果。陕北有吃野菜的传统，这也与过去闹饥荒的生活经验有关，比如树上长的榆钱、槐花、香椿，地上长的苜蓿、灰条、苦菜、南瓜花等。

陕北人极注重省吃俭用。旧时，农忙时吃干，农闲时吃稀。农忙季节，每日三餐。农闲时每日两餐，早干晚稀。据营养专家说，陕北人这种早吃干、晚吃稀的生活习惯很科学。原因是白天劳作体能消耗大，晚间休息吃稀利于吸收，又减轻了胃的负担，长期反复非常有利于健康，是最佳的饮食习惯。其实农民哪懂什么科学饮食，只是因口粮短缺百姓自然想出的省粮办法。白面（小麦面）仅在过年、过节和招待来客、敬奉老人、抚育小孩时食用。油、肉更少，一般农户一年吃一次肉，全年仅几斤油。人们十分珍惜肉食，“不怕杀生害命，就怕骨头没有啃净”。现在陕北农村已自给有余，和城镇生活水平几乎无两样。

陕北人民在长期的艰苦生活中创造了许多的饮食花样。无论是粗粮细做，还是细粮巧做，都有一些精妙的方法。人们善用软米做甜糕、枣糕、油糕、粽子、枣焖饭；用黄米做枣馅馍馍、米茶、黄酒、摊黄、黄米捞饭；用小米熬煮多样稀饭：绿豆米汤、扁豆米汤、豆钱钱饭、和和饭、撒面饭、麻汤饭；用荞面做搅团、剁荞面、搓饦饦、荞面蒸饺、饸络、抿节；洋芋食品尤其丰富，有蒸洋芋、洋芋丸子、洋芋面饼、洋芋擦擦；白面的吃法和其他各地大致相同，蒸、烙、烤、炸、煮，制作方法五花八门。陕北人最善擀面，家里做面的案板和擀杖或许让南方人吃惊，最长的擀面杖可达一个人的身长，光从不同的擀面杖就能推测出他们做面食是何等的讲究。

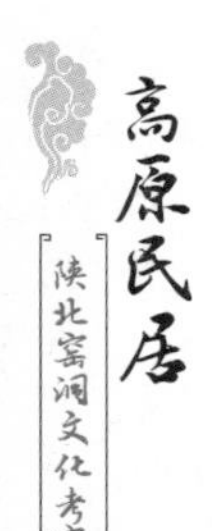

陕北人住窑洞，常年和黄土打交道。过的节令和别的地方有很大不同，除夕夜“熬年”。正月初一“拜年”。正月初五“送穷根”“赶穷媳妇”。正月初七过“人七”（给人过年）。正月初十“老鼠嫁女”不能吃米，否则脖子上长老鼠疮（淋巴结核）。正月十五“元宵节”。正月十六“燎百病”，全家人抱着被子、枕头、跳火堆祛百病。正月二十三“老君节”，传说这天是太上老君的生日（三十给神过年、二十三给牲畜过年），给牛戴红花，牲口加草料。二月初二“龙抬头”，从此，天上不再下雪而转为雨。三月初三“犁耙会”，交易农具。清明节，又称“寒食节”，人们要上坟扫墓。四月初八“送子娘娘节”，民众在庙上求儿女、还口愿。五月初五“端阳节”，家家包粽子、插艾草、喝雄黄酒，娘为子女手腕戴五色线。六月初六“新麦子熬羊肉”。陕北地区由于麦子缺，白面少，贫困人

劈柴烧火　张勋仓摄

家一年只吃三次白面，即年三十吃饺子，清明吃摊馍，六月六吃新麦子馍。七月初七“女儿节”（七夕节）。传说这天田野里看不到喜鹊，喜鹊都去为牛郎织女搭桥了。八月十五“献月亮”，家家都做月饼，将西瓜、水果摆在院子里表达对月亮的崇拜，同时也为全家求得团团圆圆。九月初九“重阳节”，家人一般都要看望年纪大的长辈以示尊敬。十月初一“送寒衣”，家家户户给死去的亲人用五色纸做衣服，烧给死者以示关怀。十二月初八“腊八节”，人们讲究吃腊八粥。在天不亮的时候就要把腊八粥吃了，这样，来年鸦雀就不会侵害庄稼。

划拳，是陕北男子在酒宴上的一种娱乐方式。按划拳规矩，拇指每拳必出，小指和拇指不能同时出，拇指和食指不能同时出，更不能出不带拇指的任何拳。划拳有打通关、单挑、拳打胜家 3 种。划拳一般限于平辈之间，拳有“一顶高升，哥俩好，三星照，四季财，五魁首，六六顺，巧七梅，八台关，九（酒）端起，十满堂”等。

搭平伙，也叫打平火，指关系特别好的人在一起聚餐、分享美食。农忙时往往在下雨天进行，轮流坐庄或大伙一起摊钱。吃羊肉、喝白酒，是男人之间情义的一种表现。喝酒划拳、搭平伙在陕北极为普遍，代表着陕北汉子坚强、粗犷、豪迈、义气、奔放的性格，是他们热爱生活、注重情义的最真实的表达方式，没有丝毫的利益关系。

毡在陕北人的衣食住行中至关重要。擀毡技艺已经有上千年的历史，据史料记载是由蒙古游牧部落传入，后来遍布全国。擀毡属纯手工技艺，成本较高，工艺复杂，现在逐渐淡出人们的生活。没有人再愿意在穷山沟里守着擀毡过活，擀毡技艺作为陕北窑洞的特色文化，似乎早晚都要被抛弃。

陕北擀毡多选择夏天，正是拦羊人剪羊毛的最佳时节。这段日子，毡匠们便扛着大弓，背着帘子外出招揽擀毡活。而准备擀毡的人们，看见毡匠也都会凑近寒暄几句，礼让一番，毕竟自家炕上的毛毡和这些人

有着不解的渊源。

陕北人春季笊山羊绒并剪春羊毛、羔毛，秋羊毛为茬毛，秋羊毛油性大，毛茬短，好弹，很适合擀毡。如果主人家没有秋毛，那就要把春毛先拧成粗棒，然后一截一截裁开，每截长三四厘米，这样做就是为了弹毛时羊毛不卷弓弦。毡匠还擀骆、马、驴屉和苫毡，屉子是保护马背用的；苫毡（每块4.3尺宽，7尺长）来防雨，主要是下雨时供拦牲口人、农事人用的。羊毛、牛毛经擀毡匠之手可擀的物品很多，不仅仅是炕上铺的毛毡，还有毡帽、毡褂、毡带、毡袜、毡靴、毡垫等生活用品。

毡匠，也有叫毛毛匠。毡匠擀毡工具有弹毛弓、弹毛台、尺杆、沙柳条、竹帘子、撒杖、铁钩、木手掌、毡帽模子、毡靴模子、毡袜模子。工具虽然简单，但制毡工序却异常复杂，要经过弹毛、铺毛、喷水、卷毡、捆毡帘、擀帘子、压边、洗毡、整形、擀毡、晒毡等工序。每道工序、每个细节只用简单的工具，用手工操作完成。擀毡过程中唱着擀毡调，音色高亢，边唱边做，节奏协调，寓劳于乐。

陕北的山沟里，高一声低一声的吆喝，走村串户的背影，总让人无法忘怀擀毡、箍桶、补锅的那些人……当年，有着生存压力的他们，只是为了简单的生活。

以前陕北人的穿着有老羊皮袄、大襟袄、大裆裤、汗衫、羊肚子手巾、遍纳鞋等。女的上下身多为各种花色的花布衣，穿花鞋、围头巾，能穿一件呢子大衣就非常时髦了。陕北人的着装因自己染织，所以也形成了几个年龄段的人有固定的服装颜色的习惯，老人以黑色为主，青年人以蓝色为主，小姑娘、小媳妇以红色、蓝色为主，中年人以灰色、蓝色为主。穿衣吃饭量家当， 穿衣是家庭财富和地位的体现，人们特别注意自己的穿着。过去有人结婚时穿的新衣服舍不得穿，一直保存到自己老了还和新的一样。现在虽说人们不再穿旧时的衣装，但每当看到电影、电视出

陕北老汉　张勋仓摄

现旧时陕北人生活的镜头总会想起曾经的过去，质朴人生。应该说陕北真实的过去是一部寻找人间真情、感化后人、推动社会文明进步的历史教科书。不是人们舍不得离开窑洞，而是怕离开孕育他们善良、厚道，求真务实的肥沃土壤。绝不能把对窑洞的留恋理解为愚昧与落后。

回看历史，陕北，从一开始，就大气磅礴，吞吐宇宙。陕北人积淀在血液中的坚韧不拔以及与生俱来对于美好生活的渴求，从来就不甘于贫瘠与寂寞，生命之根深埋在那厚厚的黄土里，似乎一切都很乐观顽强。有时也很无助，会把希望寄托于四方神灵，希望五谷丰登、牛羊满圈，希望子孙繁盛、无病无灾，情愿在窑洞里自自然然地生死轮回。

陕北人的精神源泉

窑洞是陕北文化的载体，也可理解为陕北人的精神家园。作为土生土长的陕北人，笔者从小就感受到了陕北文化的至真，陕北人的勤劳忠厚，陕北窑洞的大美。

1. 陕北窗格格

窗，是窑洞建筑中最主要的组成部分之一。窗的历史几乎与窑洞建筑的历史同步发展。由于受到地理位置、自然环境以及文化内涵等因素的影响和制约，不同地域的窑洞门窗在造型语言、审美取向以及它所体现的特定文化理念等方面都存在着明显的差异。陕北独特的自然环境以及丰厚的文化积淀造就了勤劳、质朴、厚重、聪颖的陕北民众，他们从自我切身需要出发，以现实生活为主题，将最朴素、最实在、最真切的情感融于窗子制作当中。从陕北地区窗格格丰富的式样、刚健简约的造型、朴实的文化观念中，人们领略到陕北人的创造力和在贫苦背景下追求美好生活的真实精神情感。

陕北窗格的构成形式变化万千，富于强烈的韵律感。构成中的二方、四方连续纹样怎么也不会把它和民居联系在一起，它的美绝不亚于紫禁城里的宫殿窗户。窑洞窗户丰富的窗格艺术式样没有人能统计清楚。在

窗格子

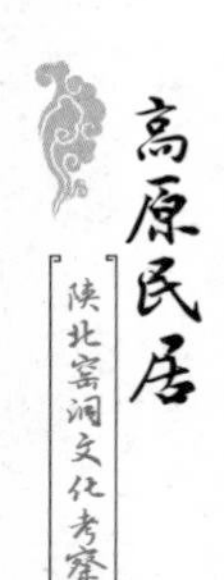

各种图案史料上，基本看不到相关的数字统计。如果你从这些窑洞前走过，浏览那些精美的门窗，犹如在民间艺术的殿堂里徜徉流连。窗棂的实用性、科学性、艺术性，它的细腻、粗犷、抽象、写真叫人无法用语言来赞美，在某种程度上，可以说是窑洞创造了窗棂艺术，窑洞生活丰富了窗棂艺术，黄土地艰辛的劳作造就了窗棂艺术。

窑洞窗户是洞内采光的来源。做工精细的窗棂，多为精雕细刻的镂花空格。各种造型图案繁多，疏密有致，格与格的交叉都是卯套着卯，接合十分严密，不使用黏合剂和钉子，美观耐用。窗花贴在窗外，从外看颜色鲜艳，内观则明快舒坦，整体上会产生一种独特的光、色、调相融合的形式美与独特的自然美。

窗也是整个窑洞建筑装饰中最讲究、最美观的部分，也最能体现陕北人的生活状况。窗分天窗、斜窗、炕窗、门窗四大部分。许多陕北窑洞的窗户并不安装玻璃，而是用麻纸糊。这是因为在冬天，室内温度高，室外温度低，导致玻璃结冰，太阳出来的时候，冰就会融化成水滴到木头上，影响窗框寿命，而麻纸就不会。纸虽然不隔音，但是透气。玻璃虽然保温好，但是不透气。

为了通风、采光，与外界保持最大程度的联系，窗自然成为窑洞建筑中的部分，成为寄托陕北民众朴素情感的载体。窗格格面积之大、式样之繁在全国民居建筑中独具特色。由于门窗与窑体紧密相连，因此，窑体的宽度与高度亦即门的宽度与高度。窗格格的数量相当多，名称与功能也不尽相同。一孔窑洞多则有 16—18 个大小不等的窗，最少也有 6 个。若按结构来分，一般窑洞的窗格格构成为：窑洞外形呈上圆下方，中间一分为二的横梁叫平戗，上半部分统称为圆窗，下半部分统称为方窗。圆窗中，垂直分割的竖梁叫天窗戗，它将圆窗分为三部分，中间称为天窗，左右对称的叫斜窗。方窗中垂直分割的竖梁叫土戗，中间两条较细的竖梁之间的窗户称为炕窗，左右两旁的窗分别称为左夹耳窗、右夹耳窗。因此，一般

清代窑窗

窑洞都必须有天窗、左右斜窗、炕窗以及左右夹耳窗六大部分。当然，由于各地窑洞对走门的设置有所不同，炕窗、夹耳窗的位置也有所差异。在外形处理上，不外乎正方形、长方形和扇形三种。多数情况下，斜窗为扇形，天窗为正方形或长方形，炕窗是横长方形，夹耳窗为竖长方形或正方形。

制作窗格格的木料采用有韧性、结实易雕琢的杨木、椴木等，通常杨木、柳木使用频率最多。而经济条件较好的农民多选用柏木。柏木结实耐用，有光泽，易保存，但由于当地少产柏木，只能从外地买进，再加工生产。在树种较少的陕北地区，民众对木质、工艺、经济等因素的重视程度，也反映出他们对窗格格寄予的特殊感情以及美化居住环境的美好愿望。

在窗格格的设计制作上，工具是至关重要的。陕北木作艺人使用的工具和全国其他地区区别不大，大致分为切割工具，有木锯、电锯、刀锯等；刮刨工具，有各种规格的刮刨器；度量工具，有各种木尺、墨斗、鲁班尺等；修整工具，有铲、锉、锥等；固定工具，有大小夹马等。

窗格子的造型相当丰富，不同村落、不同农家都有式样迥异的窗格格造型。要整理归纳如此繁多的窗格格造型并非容易的事，但如果从民间艺术特有的造型观念来观察，我们便能从中找到诠释窗格格造型的规律和方法。陕北民间造型观念与原始艺术有关，经过历史的变革，以极强的生命力传承至今。无论是天窗、斜窗还是炕窗、夹耳窗，在其构成和造型上并没有多大区别，最常见的如冉字纹、丁字纹、十字纹、喜字纹、寿字纹以及七仙女下凡、蛇抱九、（十八）颗蛋、斗底嵌去子、羊盘肠、八卦纹、方胜纹、灯笼架、灯笼嵌冉字（或嵌云字）等形式。除上述这些常见的骨架形式外，民间木作艺人还设计了许多造型优美的装饰图样，如云勾、挂钱、剑头、枣核子、石榴花、核桃仁子乱开花、小梅花、五角星等等，专门用来装饰和点缀较为古板的骨架结构。

从整体上看，陕北地区窗格格的造型突出表现在对样式类型、结构联结、表现方法三个方面以及由此引发出的对审美意识的选择。

首先，在样式选择时，民间木作艺人往往无须考虑，信手便可画出一个早已在头脑中固定的、程式化的构图方式。陕北地区窗格格基本采用对称平衡的构成形式。对称平衡，是指将一条中心线，如水平中心线和垂直中心线或中心点作为界定画面的标准，依次划分出图案相同、均衡的两个或两个以上的相互依存、相互补充的形式，从而形成稳定、平衡、循环且富有张力的审美效果。英国著名美学家赫伯特·里德将对称的形式分为两种，即绝对对称和相对对称，这与中国艺术中的对称与平衡观点基本一致。在对陕北部分地区窗格格的构成形式的考察中，可以明显感到这种分类方法在艺术实践中的准确性。陕北地区的窗格格在其经营

窗格子

布局中，绝大多数属于绝对对称的形式，即整体图式为“十”或“×”等，整体骨架划分为 4 个或 4 个以上的基本单元，并均匀地分布到画面的相应位置，给人一种恒稳、严谨、扩张、平实的力度感。还有一部分可归结为相对对称的形式，即图式被“—”或“|”线分割成上下或左右两方面的对称，这种分割法使造型在整体上给人一种活泼、新奇、生动的灵动感。至于那种没有预定的骨架进行分割而完全靠视觉调整获得的对称形式，目前尚未发现，这可能与技术问题等因素有关。

窗格格的内在结构组织非常严谨，在确认窗户长宽尺度后，各连接点的设定及线条的连接都以其基本结构线“十”或“×”中心点为基准，按照 1∶2 的比率进行倍数分割，这种倍率分割的方法很像西方现代艺术中的平面构成。由于尺寸比例的设定受到严格的数学逻辑的制约，因此，构成形式极易形成统一规范又变化丰富、节奏感强的秩序与逻辑美感。

另外，就门窗格格造型本身来讲，对线条的理解与表现也体现出民间艺人在技术处理上的多样性和灵活性。门窗格格的用线十分繁多，垂直线、水平线、斜线、对角线、弧线、交叉线、波状线、曲线、叠线、盘肠式花纹线等等，这些都有使用。而在陕北地区窗格格的造型中，垂直线与水平线运用得最多，两条线的互交，既形成窗格格造型的基础骨架，同时也象征着动与静两种力量的转化。它很像中国汉字结构中的横、竖笔画，线与线之间的重叠、转折、交叉以及线条本身长短的变化，都充分体现出线条的主次。“初假达情，浸流竞美”是对汉字用线所表现出的情感因素发出的赞誉之声，而窗格格的线条造型美也有异曲同工之妙。

不同属性的线条在表现力方面也存在着属于自身的独特性。如果线条在组织上缺乏变化，就容易给人造成呆板、平庸、虚弱的心理感受。民间木作艺人在使用线条语言时，会自觉遵循“统一中求变化，变化中谋统一”的辩证法则，力求画面丰富、耐看。如：通过强调线条本身的虚实关系来塑造构成的层次感，通过对比关系来加强方胜纹、寿喜纹等的审美效果。对线条的广泛使用，一方面丰富了窗格格的审美情趣，另一方面也能发挥出民间木作艺人的艺术独创性。

民间艺术是高扬生命哲学的艺术，认为自然界中的全部事物都存在着永恒的生命，整个宇宙是不断变化、生生不息的。实际上，不妨将陕北窑洞窗格格视作一个微观的宇宙，在这个极小的宇宙系统中，无不体现出生生不息的生命精神。在实地考察中我们发现，不论哪种窗户，其形态都是围绕由“十”或“×”形成的中心点来配置整体，每个窗格格不管其外部形态如何，都具有严格的中心点。陕北民众称这个中心为人的心窝窝，并赋予其生命意识，使之具有人的灵性，因而窗格格在民众意识当中其实是一个活着的生命体。早时木作艺人在固定、接合窗棂条时都是以榫卯形式连接，绝对不会用铁钉，到近代也有匠人图省事使用钉子的，但也不钉窗心，按他们的说法就是“人不能钉心，钉心会死的”。

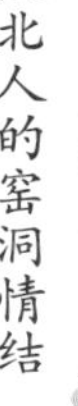

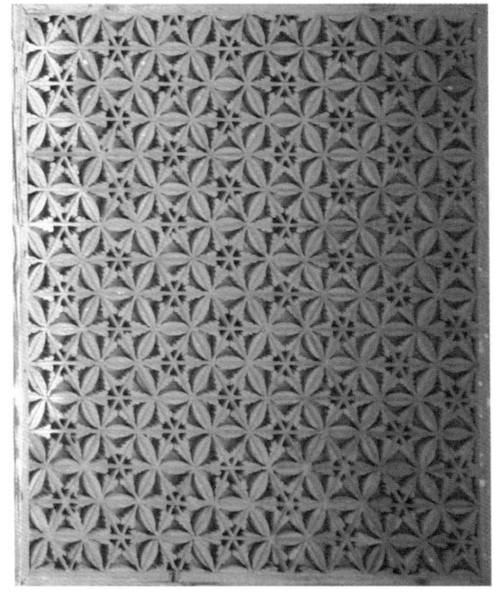

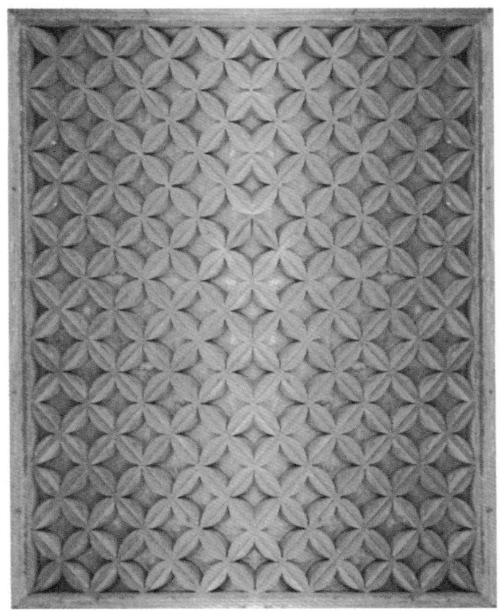

窗格子

此外，民间艺术创作活动具有非常鲜明的生活性、现实性。趋吉避凶，消灾纳福是民众在生产、生活中对构成利害冲突的事象做出的主观要求。因此，它还包含修身立命、祛邪护生的生命意识。窗格格不可避免地成为民众保吉祛恶的一种媒介，具体表现为其窗户要求在数量选择上必须使用单数，从而形成空格子的双数。单属阳，双属阴，这又是阴阳观念在窗格格构造中的直接反映。对数字的刻意选择，体现了民间艺术对属阳奇数的特殊重视。窗棂条的数量选用3、7、9根者居多。

据枣林坪乡石岔村61岁的风水先生郝兴起介绍，窗棂条若选1根，代表孤单。若选3根，寓意桃园三结义，是吉利的象征。若选4根，寓意是是非非，兆凶。若选5根，寓意五子登科，但由于民间还盛传趋三避五的说法，认为三吉五凶，因此，取5根营造也很少见。若选6根，虽有六六大顺之意，但同时寓意溜溜达达，一般也不用。若选7根，则有七狼八虎、妻子团圆、七仙女下凡之说，也是吉利的象征。若选8根，虽有八仙过海，各显神通之说，由于八个神仙谁也不服谁的脾性，因此也不用。若选9根，有九千仙女、龙生九子之说，也寓兆吉祥。若选10根，则是十帝阎君的象征，更不能使用。因此可以看出，民众通常用属阳的奇数去计量同样属阳的吉祥事象，使数字与事象在阴阳属性上达到一致，从而使吉利祥瑞的朴素要求通过某个吉数与相应的事象统一在一起。

“新新不停，生生相序”是民众对待生命存在的一种积极态度。陕北窑洞中的窗格文化延续了几千年，传承下来的生命精神，就是这种新旧交替、生死轮回的过程体验，诠释着生命存在的伟大意义并最终将其付诸窑洞建筑、窗格的艺术创造。

在对窑洞的实地调查中，窗格格所体现出的丰富、庄重、洒脱、变幻的造型语言与刚健质朴的陕北民众、粗放自然的陕北民歌以及亲切温润的陕北方言无不紧密相扣、环环相生地联系在一起。

陕北人通过自己的窗户，寄托对美好生活的向往，展示自己对人生未来理想的不懈追求以及对切身利益的呵护。

2. 陕北农民绘画

我第一次接触农民画是读小学。那时，我对户县农民画的感受和印象是：艳丽的色彩和作品朴实的内容。因为当时我对于美术方面的相关知识几乎一无所知，只是觉着每幅画都能表达出农民的生活、生产劳动，很真实，很生动。户县农民画家杨志贤在纪念《在延安文艺座谈会上的讲话》发表34周年时写的一首诗："主席《讲话》真伟大，工农挥笔画新画。革命生产新图展，人民欢迎敌人怕。"这表现的就是一段历史，同时也是艺术来源于生活的真实写照。

我天生爱画画。从记事起，每次遇到花匠进村总是要从头到尾地尾随其后，看人家画箱子、柜子、炕围子，直到离开。那份喜欢和对绘画的情怀，很难言表。也许这就是现实中的陕北人的缘故。花匠在陕北也算是与窑洞有关的艺人，土墙面经花匠画笔一画就会显得格外富丽。后来，到了"批林批孔"的年代，看到驻队干部画墙报、刷标语又着了迷，更是寸步不离。上初中时，我自己开始临摹一些人物画像、花鸟，为学校办板报，画报头、尾饰等。同时，也开始对绘画和其他艺术进行思考、学习。陕北农民画历史悠久，箱柜画直到20世纪80年代都还在兴盛。80年代后，受城市文明的冲击，这种绘画在民间逐渐被冷落。从农村的箱柜画到庙宇的壁画，风格、造型、笔法大同小异。作者大多是以此谋生的民间画匠（以男性为主），画风上受文人画影响较多。画匠大多为师徒、祖辈相传，自成体系。画出的箱柜画、柜子，正面画满为美，装饰味较浓，左右对称，花鸟禽兽多写实，四周多有云纹、万字纹、富贵纹等饰边。

在一些窑洞中，偶尔能见到锅（灶）围画或炕围画，用猪血加烟煤灰和泥制成黑色墙面，再用蛋壳碎片镶嵌而成。也有用彩笔绘制，造型

古朴，变形夸张，给人一种强烈的乡土味，可惜的是，这种绘画面临绝迹。陕北农民画和民间画匠作品的共同特点是装饰味浓，构图饱满，造型意识、色彩表现形式各有千秋。从还能看到的炕围画和80年代所创作的农民画看，整个绘画充满生机，鸟在飞，树在舞，作者以自己丰富的想象创造了一个窑洞人家繁荣、祥和、博爱的理想世界。他们把繁复、驳杂的画面称作“花”，画得越花，觉得越好看。农民绘画经历上千年的沿袭、发展，随着现代文明的融入，人们审美意识的改变，这类绘画技术、技法、形式也随之改变。

70年代末期，随着全国各地民间绘画（农民画）的发展，陕北农村妇女，特别是年过花甲的老婆婆，又重新拿起画笔，在专业人员的组织辅导下，创作出了一批表现新生活的作品，受到美术界的广泛赞誉，即

悄悄话

将消失的陕北民间绘画又重新兴起。它和以前的绘画有所区别，80 年代兴起的新农民画，从原来绘画自我欣赏、为家庭服务的圈子里走出来，以反映窑洞生活、生产为主题，由单纯的装饰作用走向了对艺术更高层次的追求。新农民画除了继承旧绘画的写实等特点外，又注入了夸张、渲染、多层次的构思特色，为农民画的兴起和发展，开拓了广阔的前景。

丰收曲　陈志兰

农民画色彩艳丽，造型夸张，表现手法大胆，这在农村人美化自己的窑洞时表现得非常普遍。虽说炕围、墙围等形式的绘画在迅速减少，但在新的审美思想、新的生活条件下，农民画又以新的形式受到广大美术工作者的广泛关注。

走进陕北的农民绘画之家，只要留意就不难发现所有的题材都与窑洞、与作者身边人物、事象及新鲜的生活气息有关系。如曹佃祥以他儿子为原型的《说书匠》，以民间乐人为描绘对象的《吹手》，都具有一种亲切诱人的艺术魅力。高金爱以她亲身的生活经历和爱情体验为依托，画成气势澎湃、思绪翻腾的《长城驼队》。白凤兰着眼自家的窑洞、院落、承包田、村子里的景象而创作出《鱼池》《炕头故事》。青年作者孙佃珍的画完全从自己的生活视野切入，与前人相比，《春耕》《饲养》等作品给我们带来了全新的视觉节奏和泥土气息。作者李秀芳经过长期熏陶磨砺，所作《赶集》《小河边》，较她从前呈现出宽阔的观察视野，更自然清新了许多。

养蚕　李芳英

有人认为，土生土长的陕北民间绘画还需要专业人员指导、规范，我个人认为，大可不必。我以为只要保持、传承就可以了，这样做不会出现变异和雷同，反倒不失其最为珍贵的本色，保留了其自身携带的乡土情结。1983 年在户县召开的“全国农村群众美术工作座谈会”上，就有人谈到“农民画有自己的特点和特殊的创作规律，片面强调学院式的基本功训练，实践证明是不合适的”。陕北的农民绘画说到底是一个有窑洞人乡土气息的艺术，是任何学院派或专业人员所表达不出来或不能表达的，也不是文人画那样带有政治色彩、背景的艺术，它不会着力渲染沉痛或是诉说苦难和悲伤。这些绘画热衷表达、传递美好的事物，宣泄浓烈的风土人情、真实的生活场景，每幅画面都是一段生动美妙的故事。

向往美好是世世代代生活在窑洞里的妇女的天性，而这些大娘们有自己的审美标准，她们认为“画怪样了才叫好看，太像了没意思”；“画花画花，就是越花越好”。而针对绘画，要求画要有生活情趣，内容有意思、有震撼力。如画娃娃（小孩），画得越丑越觉得亲（可爱），动物画得威猛才觉得能抖起精神。这些表现审美思想风格的绘画，在西方绘画中几乎是看不到的，其中的亲和浑朴之美，是自然的。真切感人的题材是农民淳朴的特点，让读者从生活的一个镜头中，便能发现陕北窑洞人生活中的诗意，这可能就是他们喜欢以画充实、表现心境的根本原因。

陕北农民画在构图、造型、赋色等手法上，不同于民间画匠，也不同于传统的中国画和西洋画，而是用自己特有的意识，特有的手法创作出自己的绘画。绘画作者造型都是先从剔样子开始，模仿和程式化的学习手法代代相传。造型基础是民间剪纸，但脱胎于剪刀作用下的整块外轮廓，以勾画线取代剪裁边缘线，以笔代刀完成造型。

陕北农民画创作也是继承了民间剪纸、刺绣的传统装饰手法，特别是传统的结构装饰法给画面增添了魅力，如在虎身上装饰以鸟、花、虫、果等，达到粗放、华丽、夸张、神秘的艺术效果，为单调、枯燥的劳作

踏蛋鸡 薛玉芹

背谷子 薛玉芹

牛头　薛玉芹

生活注入了情感与活力。

陕北农民画的造型和构图，初为全景式，即构图特征是人小、景散、内容多、满画面。这个阶段是剪纸型的发生期或脱颖期，许多作品是将剪纸放大或联结在画面上。还有在绘画布局的框架中填充剪纸素材，这类作品往往没有主题。以后，逐渐发展到特写式，薛玉芹的《牛头》就是这类作品。《牛头》是一幅极富力度的作品，3 个巨大的、采用不同花型装饰的牛头联为一体，却有同样描绘的红色的眼球，六只牛角采用黑白、黑蓝相间的规律条纹组成，中间最大的牛头特别突出。红、黄、黑的基本色既醒目又协调，给人以恰到好处的感觉。应用夸张的手法，增强了牛的强健，显出了牛的力量和威风，达到了完美的表现效果。

20 世纪 80 年代末 90 年代初，陕北农民画的许多作品为特写式。内容相对集中，很少罗列现象。表现手法上，力图摆脱剪纸外在的痕迹，尽量采用单线条勾勒，使形象处理走向深厚化。张凤兰、高金爱和曹佃祥等人的作品在这方面表现尤为突出。同时色彩趋于简约，逐渐形成了个人风格。

陕北的自然环境、语言、习俗、气候对农民画的着色，产生着极大的影响。祖辈在这块黄土地上繁衍生息，他们每天接触到的是供自己住宿的窑洞、使役的犁牛以及田野里五颜六色的物体，这些最熟悉的生活中的颜色，便成了他们设色的源泉。陕北的农民画、以原色为着色的最

骑驴婆姨　高金爱

佳色，不然就会觉得清淡而显得没有分量。受此影响，陕北农民画的着色纯，色彩鲜艳，画面观感清晰，富有鲜度。对人、兽、花、鸟、山、水、树木的表达完全是主观的，带有明显的符号倾向。其形象单纯、不拘小节，不准确的造型却耐人寻味，这些特征都体现出陕北人所处的特殊的人文环境和对生活的理解。

领头羊　朱光莲

陕北农民画反映着陕北人的精神。陕北人能把自己真挚的感情恰当地表现出来，作品就具有它的艺术性。艺术的真挚感情，来源于他们对于生活的深切感受。

陕北农民画根植于古老民间文化的沃土中，包含着原始艺术的自由奔放、为所欲为，蕴含着深厚的传统文化思想，其独具的艺术特色吸引并震撼了中外的观赏者，不仅给美术界而且给整个艺术界都提供了重要的启示。这使人们再一次认识到，任何艺术作品要想获得生存的空间，创作主体就必须保持一种自由和自然的创作状态，不拘一格，随心所欲，似有法又无法，将其生活感受通过独特的艺术语言创作出独具魅力的艺术作品。

3. 陕北剪纸

纵观历史，剪纸历尽沧桑而经久不衰的关键在于它深深植根于人民群众之中，是亿万劳动者创造的艺术，它凝聚着劳动人民淳朴、深厚的情感和日积月累形成的审美习惯，是灿烂的民族文化艺术之魂。

在农村十多年生活的日子里，我常在想：是什么使过着贫苦生活的

剪纸姑娘

陕北人民能摒除辛酸和眼泪，乐观对待苦闷与烦恼，精神的闪光与剪纸水乳交融。剪纸能手白凤兰把碗口剪成圆形的，但是她把碗底剪成了一条平线，问她为什么把碗底剪成一条平线？她回答："因为碗底是在桌子上平放着的！"问任怀清老人《老鼠偷油》罐子口为什么是圆的，底是平的呢？她回答也是："罐是平放的！"她们既不懂透视关系，也不明白几何原理，她们是以陕北人自己的"哲理"认识自然世界。1980 年，问 71 岁的王占兰，侧面的老虎为什么要剪两只眼睛？她反倒觉得这问题问得奇怪，说："老虎就是长着两只眼睛！"战国铜壶的侧面兽图案和东汉墓画像石侧面奔马也是两只眼睛。这是以本质代视觉的直观现象。可见，她们都不是以解剖学的观念来造型的，而是以意和形，如鸟兽、虫鱼、花卉等，在她们神奇的剪刀下有了情感，有了寓意。陕北男子烦闷了、高兴了，可以站在山上扯起嗓子吼两声信天游，而女子内心再冲动也只能坐于土石窑洞里盘腿屈膝与剪刀、针线为伍，剪到细微处屏息静声，剪到宏大处放浪形骸。纸随剪转，剪顺纸走。剪到得意处，还可听到即

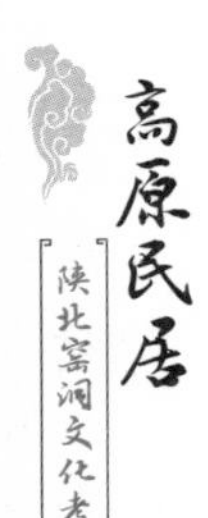

兴创作的歌曲随口吟出，细细辨认，难以听懂，其实它和剪纸一样，有感而发，是女子内心的自娱自乐。这就是陕北人，陕北妇女。

老鼠偷油　三边剪纸

以上这些艺术造型特点，显然和她们的实际精神生活有着密切的联系。她们特别注重生活情趣和造型装饰，“要有意思的，要好看的”。中华民族美学思想的特点之一就在于使人的感情受到节制，服从于一定的伦理和道德观念，把善置于美之中。将道德情操和美统一起来，就是中国传统艺术的最高境界。陕北人善于对富有形象特征的物象进行造型选择，在艺术上加以提炼、夸张。她们的作品多用平视，只表现对象的一个面，紧紧地抓住外部轮廓所形成的影像，一方面保持了生活的本来面目和艺术家不施雕琢的习惯；另一方面，又有高度的概括性，画面质朴、单纯，蕴藏着丰富、深刻的哲学道理。

李爱萍剪了一幅从扣碗里钻出一只老鼠的窗花，叫作《鼠咬天开》。中国民间说法中，鼠是子神，与鱼内涵相通，都属于繁衍符号。这件窗花的意思是，天地合一的宇宙好比扣碗，子神老鼠在其中，鼠年鼠咬天开，钻出来化生人类万物。同样，她们把多籽的葫芦、南瓜、葡萄等等，都视为繁衍符号，因此，她们一定要把看不到的籽画出来，她们崇尚的不是葫芦、南瓜、葡萄，而是葫芦、南瓜、葡萄里面的籽，这样，用在艺术作品中，其意义就并不单纯是外观的自然属性，更多的是强调其包含的功能属性。人们把葫芦看成母体子宫，把里边的籽看成子孙繁衍，这种生殖崇拜就成为她们对爱情的颂扬，对人体美的艺术表述，对生命不朽的讴歌，是陕北人心中蕴含着的对生活的热爱。

《老鼠偷油》窗花剪纸是以瓶喻母体，以老鼠喻多子的繁衍。把常被人们唾弃嫌恶的老鼠描绘得机灵聪颖活泼，其意在表情。不论什么时候，男女之间的爱情是人类永恒的主题，任何事物间的阻隔都难及阻止两颗心的碰撞，即使养在深闺，也要借用明窗红花加以表白，况且是如此的含蓄，只有意中之人方能一望便晓其中含义，故而就算是瞭不见个人人，也能以此安慰一颗躁动的心。老鼠已不再是老鼠，而是意中的男子，自然会是可爱机灵的。其实在某种意义上来讲，窗花已经完全成为婆姨女子们传情达意的爱情语言，她们将自己羞于言传的心声，让一把小小的剪刀淋漓尽致地叙说了。

剪纸体现了陕北人的图腾造型观，比如表现老虎，不是呈现特定时空之内具有自然形态的虎，而是民族群体中的图腾虎。例如，有腿短胖乎乎的可爱虎，有镇宅用的四腿前后蹬开而样貌凶猛的下山虎。再如，蛇盘兔，情真意切，是希望未来的婚姻能美满，家庭能幸福。洛川挖掘出的蛇身人首、狮身人首、鱼面人身的剪纸，是原始社会图腾文化和龙山文化的遗存，那些美学家所谓的人化自然、物化自然的理论在剪纸村妇手里，早已得到形象化的诠释。

民间剪纸具有普遍性、多民族性的特点，民间视觉思维的原发性、传承性、审美性，使得造型观念与创造的形象自然构成一个独立的造型艺术体系。剪纸是人心灵的语言文化，内心的话不能直说、明说，

耕地　三边剪纸

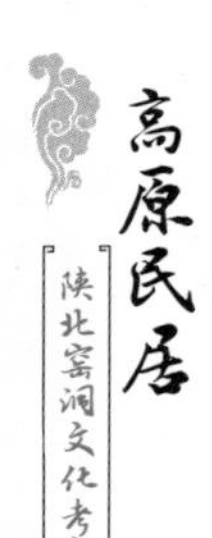

陕北妇女就会用委婉、间接的方式予以表达。民间视觉造型的核心是以理解的和象征的形象按美的法则造型，其形象、图式的特点有可能是不合正常逻辑的，就算符合，也是经过奇异的夸张和变形的。它的飘逸、浪漫、粗野、新奇，充满了艺术的真趣，看似粗，实则大巧若拙；看似野，野中有秀；看似怪，怪中藏庄；看似奇，奇中见平。这正是一种非理性思维的理性语言表达。

早在20世纪初，鲁迅先生就阐述了一个观点："有地方色彩的，倒容易成为世界的，即为别国所注意。"诞生于中国原始社会的阴阳观和生育观，是人类生命意识与繁衍意识的升华，即阴阳相合，才能繁衍人类万物，而人类万物是永生不息的。这是中华民族的先民群体"近取诸身，远取诸物"，由观察人类自身到宇宙万物得出的结论，也蕴藏着从民族原始艺术到民间艺术的基本文化内涵。这种生存与繁衍的生命主题渗透在陕北民众的衣食住行、节令风俗、生活礼仪和信仰禁忌之中。由于农耕社会的社会分工有明确的性别界限，剪纸的传承主要依靠妇女和一把剪刀。她们以对生命主题的扩展、延伸，从而派生出对图腾、生殖的崇拜。中国亿万妇女通过一把剪刀代代相传，传承发展原生态民族传统文化。实际上，远离皇家、远离贵族，只钟情于窑洞和窗户的婆姨们在创作时，已经形成了一个完整的自我创造体系，而这个体系往往就存在于她们的潜意识当中。从女娃剪到老太，一把剪刀犹如一枝生花的妙笔，剪什么像什么，无须着色，无须描底，剪出窑洞人百般风情。内心得以满足，生活得以平衡，烦恼得以消除，精神世界得以丰富。

百人百姓，但都有各自的精神需求。艺术源于生活，历史在陕北窑洞建筑、陕北人的剪纸里留下几多足迹。对生活的理解、对生活的热爱，所有的幸福、欢乐、向往都在剪刀下显现。当看物的角度、选择表达的方式不同时，人们呈现的方式自然就情趣各异。可以说，夸张时妙趣横生，细腻中洒脱尽现，人剪合一，出神入化。她们是自然的精灵，是天造地

团花　三边剪纸

设的灵物。她们能读懂天地、鸟语虫言，能破译生命的密码。她们对剪刀的无比虔诚，是因为剪刀能让她们与神、鬼、自然进行最直接的对话，通过花花绿绿、千姿百态的图案造型，人似乎可以驰骋天上人间。陕北妇女所有的一切似乎全都在小小的剪纸里。

4. 鞋垫

在陕北民间，自古就有妇女做绣花鞋垫的习俗，千针万线，千丝万缕，勤劳善良的陕北妇女赋予了小小的鞋垫最真挚的感情，也使这绣花鞋垫成为陕北民间手工艺品的典型代表。民间绣花鞋垫主要是出现在农村，做鞋垫的技艺世代相传，因此，形成了突出明显的地域风格。究其根源，陕北的鞋垫来源于古老的刺绣。

陕北刺绣的起源历史久远，据文献记载创于虞舜。目前，考古出土的遗物中可以发现，它的年代可以追溯到商周。原始刺绣的用途，本为装饰衣服以表征地位尊卑，具有辅助政治的作用。后来，逐渐扩展为美化生活的装饰物，并且在民间普及开来。其主要形式有鞋垫、枕头顶、针扎、布动物、荷包、马褂等。其中，鞋垫在陕北农村婆姨女子的手中，时常可见，成为窑洞里妇女日常生活中用来传递情感、打发闲暇时间的手头活。在陕北，做鞋垫的材料和工具有布料、针线、糨糊、剪刀、案

纳鞋垫的女子

板等。制作过程，要经历做模子、打面浆、粘层、贴面、镶边和绣图案等多道工序。手法娴熟的妇女需八九天时间才能完成一双鞋垫的全部工序。

陕北鞋垫具有柔软、透气、耐磨、吸汗等功能，可以水洗而又不至于变形，经久耐用。鞋垫上的图案针脚凸起，能够按摩脚底的穴位，具有缓解压力、解除疲劳之功效，长期使用能够对身体起到很好的保健作用。

陕北鞋垫是女子传递情感的媒介。陕北妇女为自己的亲人亲手纳制鞋垫，把对亲人的爱、对老人的孝顺、对孩子未来的期望、对亲朋好友的祝愿及对一切美好生活的向往，都一针一线地纳到这鞋垫之中，通过鞋垫将自己的美好祝福送给对方，并伴随着亲人们走四方。

窑洞妇女世代传承着古老的绣花鞋垫技艺，在小小的鞋垫上一针一线地述说着各个时期、各个地方的审美观念、文化传统、伦理道德与风俗习惯。绣纹主题来源于生活，体现着窑洞民众的文化和民俗民风。鞋垫纹样可分为：植物类、动植物类、文字类等。植物类有莲生贵子、莲花童子、柿蒂纹等；动植物类有蝶恋花、鸳鸯戏水、鸳鸯佳偶、鸳鸯戏荷、喜鹊报喜、龙飞凤舞、龙凤呈祥等；文字类有一帆风顺、心想事成、万事如意、双喜、福禄寿喜、岁岁平安、年年有余、福星高照、囍字花、心心相印、天长地久、百年好合、喜结良缘、白头偕老、爱你一万年、金榜题名、步步高升、大展宏图、寿比南山、福如东海、幸福安康等。

把鞋垫单独提及是因为陕北妇女在20世纪70年代以前生活的不易。妇女除了回娘家几乎不出远门，大多数人一辈子都没到过县城，没去过集市，外面的景致也从未见过，不知道汽车、火车长啥样。没有穿过买来的鞋和成衣，更不知道“楼上楼下、电灯电话”。世代过着一天要做三顿饭，围着锅台、碾台、磨台转，种地、洗衣、喂牲口的辛劳生活。必须说的是生儿育女操持家务，在没有实行计划生育的年代，多数妇女都至少生育 5 个以上小孩，有的甚至 10 个以上。在陕北这个荒凉偏僻

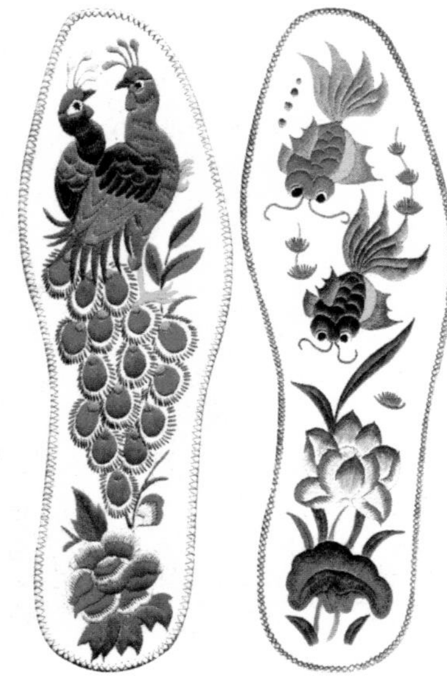

鞋垫样式

的地方，妇女强大的生活力量究竟是从哪里来的，为何如此的坚强，真是难以说清。我生在陕北农村、长在农村，兄妹 7 个，母亲起早睡晚不停地劳作，现在想起来也很难以置信。兄妹 7 个、父母和常年有病的爷爷，10 个人穿的鞋、一年四季从里到外手工缝制的衣服，碾米磨面全是她一人做。又有谁能不说母亲的艰辛与伟大。可以肯定地说：陕北妇女创造了人类抵御苦难生活的奇迹，颂扬她们是让人们了解陕北母亲，了解窑洞人家过去的真实生活。陕北鞋垫是陕北妇女乐观应对苦难生活的结晶，也是精神寄托的一个重要表达形式，更是对美好幸福生活向往的最好礼赞。和剪纸一样，利用最朴实易懂的具象符号、文字实现比主题更为强烈的情感读白。

5. 陕北石窟

陕北是我国唐宋石窟艺术比较集中的地区之一。其中，榆林地区有石窟 105 处，主要分布在无定河、秃尾河、窟野河流域及黄河沿岸。延安地区有石窟 90 处，最著名的有延安宝塔区清凉山石窟和子长县钟山石窟。

陕北石窟造像

陕北现存的石窟主要开凿于唐宋，特别以宋代的为主，分布在延安地区的宋代石窟、石刻规模和数量也都可观，并且有相当高的艺术价值。此外，它对当地民众的精神生活影响

很大，也填补了我国北方宋代佛教石窟、石刻艺术历史的空白，为丝绸之路北路东段的研究，提供了珍贵的史料。

钟山石窟位于子长县安定镇东1公里处的钟山南麓，依山凿洞而成，又名万佛岩、万佛寺、石宫寺，创凿于北宋英宗治平四年（1067）。窟内雕像全部妆彩，极其富丽，金碧辉煌。入口处木结构建筑的大寺，为清康熙五十四年（1706）所重建，窟外东西两侧各凿3个小窟，均为北宋时期开凿。西侧已风化，仅存两侧力士像，东侧尚完好。石窟再西，据县志，称小寺宫，另成一建筑群。石窟后山正中的地方为明代七层砖塔，高19.6米。

钟山石窟的石雕塑艺术风格，朴实粗犷、遒劲有力、生动优美、富有生活气息，其面相、体形以及神态都颇具民族、地方特色。石柱和石壁上

钟山石窟造像

钟山石窟造像

成千上万的小佛也都刻画得栩栩如生，各不相同、各有特色，足见他们对于创作持有的态度是多么的严肃认真，一丝不苟。钟山石窟因其造像水平高超，被誉为“中国的小莫高窟”。

清凉山万佛寺位于延安清凉山山麓，依山凿洞。根据洞内大量的北宋元丰元年至元丰五年（1078—1082）的造像题记，可以推测此窟的主要工程是在元丰年间完成的。据说万佛寺自完成以来即香火不断，游客不止。

抗日战争时期，清凉山万佛洞曾是《解放日报》印刷厂所在地。为了保护石窟艺术文物和中央印刷厂革命遗址，1982 年由国家拨款，对清凉山万佛寺进行整修，并对外开放，现已成为延安市一个重要的旅游景点。

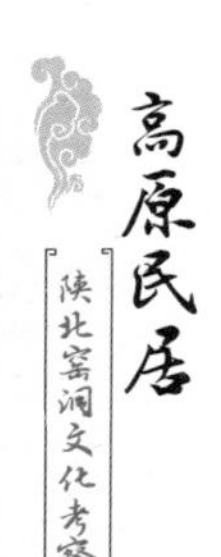

石窟艺术是人类艺术的一朵奇葩，属于宗教艺术的一部分，但是，对陕北人来说还有着另一种意义。石窟不仅是陕北人信仰、膜拜的地方，也是陕北人的精神世界，叙说着他们对自然、神灵的崇敬。

6. 榆林佳县白云观三雕艺术

佳县白云观是陕北规模最大的木结构建筑群，它是窑洞建筑之中的别样（窑洞世界里的新型建筑），三雕所雕刻的内容反映了陕北民众精神需求的各个方面。白云观三雕艺术中传统图案丰富的寓意，代表了普通百姓的愿望、信念、信仰——对生活的热情、对理想的向往以及对神的虔诚。

白云观是西北最大的道教胜地之一，佳县白云观三雕艺术在雕饰技巧上比较灵活，对不同材质的雕刻有不同的讲究。相比较而言，木雕繁复富丽，而砖雕和石雕更为质朴，这当然和材质、陕北的历史地理、人文环境都是有关系的。白云观建筑砖雕运用的雕刻形式和其他的民间雕刻一样，主要有浮雕、高浮雕、圆雕。砖雕、木雕和石雕艺术是这片黄土地上孕育出来的艺术与宗教结合而绽放出的奇葩。无论是建筑，还是建筑上的雕饰，在风格上首先体现了本土艺术的风格特征，在内容上又真切地抒发和表达着大众情怀、大众的愿望。

白云观的三雕艺术与本土的文化环境、艺术传统相融合，与建筑本身融入了高原黄土地典型的建筑形式一样，建筑雕刻的风格也深深地植根于这片土地。它代表了北方民间雕刻艺术中最优秀的部分。

当然，除了本土的土壤和民间营养外，白云观的建筑风格以及相伴的雕刻艺术，在很大程度上又不可能只是单一传统的继承与发展，因为任何一种装饰母体在流传过程当中，都会因不同的地域习惯、技术处理和表现形式而必然地产生不同的变体。在风格的来源上，正如李淞先生所认为的那样，佳县白云观三雕艺术还融入了宋代至明清的官式风格以及经过北方改变的南方苏式风格，多元因素汇集交融于黄土地上的白云山，形成了白云观三雕艺术的厚重与多彩的风格。

佳县白云观古建筑在整体布局与局部装饰上达到完美的和谐，在富丽典雅中又不失民间艺术之淳朴本质，在传承黄土地丰厚的民间传统的同时，也传达出道教深厚的文化理念和内涵。此外，白云观的建筑在设计与营建上传达了真武信仰的内涵，在规制神的序列和排列中表达了宗教的教义，所不同的是白云观的雕刻装饰艺术能够以平实和温情脉脉的面貌拉近信众和神仙之间的距离，几百年来香火长盛不衰。

石雕

木雕

砖雕　砖雕

木雕

7. 秧歌

陕北人乐观向上，在贫苦的现实中也有许多自己的精神世界，唱民歌、吹唢呐、扭秧歌，尽情地挥洒着美好的心愿与期盼。粗犷的动作，铿锵的节奏，豪放的情绪，恢宏的气势，生动地再现了陕北人勤劳、与苦难抗争、乐观面对一切的精神风貌。

秧歌是我国汉族民间舞蹈中的代表性流派之一。它长期流传在陕北高原的广大地区，又叫“闹秧歌”“闹社火”“闹红火”。从广义上讲，秧歌是陕北春节一切民俗文艺活动的总称，狭义上则指秧歌队在广场上进行集体歌舞表演，在宋代基本定型（有延安李渠镇周家湾村出土的“伞头舞巾人物画像砖”为证）。

陕北秧歌分大场子和小场子。大场子秧歌，也叫跑场子秧歌，宜在大的场地演出。小场子，也叫踢场子，有扇秧歌、九曲秧歌、花灯秧歌等。由于演出时间地点不同，又分排门子秧歌、彩门秧歌。

小场子秧歌由一男一女、一男二女或男女对等的四、六、八、十二人演出，包括文场子、武场子和丑场子（即由丑角表演）等。

扇秧歌以彩扇为基本道具，基本步伐有平步双花、平步拉扇、划扇十字步、拧扇十字步、绕扇三步一停、抖扇三步一停、碎步抛扇等。九曲秧歌多在转九曲时做表演。花灯秧歌举彩灯表演，人的多少也不受限制。排门子秧歌、彩门秧歌一般在过节期间到大门或院子里专程拜年，做较短的表演。

可以说住在窑洞里的陕北人为了自己生活得更加有滋有味，以秧歌为乐，以秧歌求得一种朴实的幸福感，以秧歌来营造热闹的气氛，秧歌自然而然就成了陕北人生命的一部分。

秧歌画像砖

8. 陕北唢呐

陕北唢呐由西域传入，音色浑厚响亮，配以长号，演奏起来颇具气魄。其特点是筒长、头大，不同于关中唢呐的竹节形。唢呐一般是艺人自己制作的，演奏时得心应手，运用自如。好的艺人会演奏百十种曲牌，可以一口气边吹边走几十里路。陕北唢呐中，子长唢呐最具特色。唢呐杆长 42 厘米，用不干裂的褪木（即埋在地下多年的柏木）制成，有 8 个孔，喇叭口大。通常由 2 人吹奏，上手为主，吹高音，下手吹低八度，并有小鼓、锣、小镲伴奏，长号作为吹奏前的引导。吹奏者用鼓腮呼吸，一气呵成，节拍为 2/4 或 4/4，同一曲牌节奏快慢不同。板式有慢板、原板、中板、流水、二流水、快板、熬头牌等。慢起，中续，快结尾，给人整体感觉是刚柔相济，委婉动听。子长唢呐又分东西两个流派，东派粗犷奔放，热烈欢快，西派清爽纯朴，委婉动听。子长唢呐多为婚丧嫁娶营造气氛，吹奏曲牌也多以小调、道情、小曲为主。喜庆类有《大开门》《小开门》《得胜回营》《收场曲》等。丧祭类有《祭灵》《吊孝》《送丧》等。20 世纪 90 年代以来，已发展到大众广场、舞台演出，而且数人演奏，曲牌也发展为民歌、流行歌曲、进行曲等。陕北人爱听唢呐，特别逢喜事最喜欢请吹手助兴，因而，吹鼓乐也被称为唢呐音乐。

在陕北，吹鼓手艺人往往为了争名声，技艺高者常常会自发“创事”，就是在别的吹鼓手应的事情上去比高低，只要能比过就等于创事成功。一般比的无外乎用气、换气的长短，吹的花子、曲目等。吹出名气，应事的机会就会增多，价钱也会成倍提高。而在旧时，只有有钱人过事（过事，在民间是指办婚丧事），才能请得起吹鼓手。艺人的地位相对低，多少会受到歧视，而现在，人们的观念已完全改变，艺人普遍会被追捧。

多人唢呐

唢呐　掌号

9. 安塞腰鼓

安塞县在我国素有“腰鼓之乡”的美誉，历史悠久。据传，秦汉时期驻守在万里长城的士卒，视鼓为战斗中必不可少的装备，遇到敌人突袭和异常情况时，就以击鼓来报警。作战失利时，鼓声又作为救援讯号。两军对垒时，则击鼓助威，鼓舞士气。取胜后则击鼓来庆贺。鼓传到民间后，截为小筒状，蒙（蓬）牛、羊皮于两端，成为今天我们看到的腰鼓。每逢节日，打鼓助兴。安塞县不论男女老少都能挂鼓挥槌，舞上一番。表演形式可分为文、武腰鼓。文鼓轻松愉快，潇洒活泼；武鼓表现激烈，粗狂雄壮，动作幅度大。男鼓手叫“踢鼓子”，女鼓手叫“拉花子”。腰鼓分为两种表演方式，一种是路鼓，在行进中表演，步伐有走路步、十字步、左右侧蹬腿、劳动步和金鸡啄米，三步一停，四步一望；另一种是场地鼓，可分为单打、双打、对打、多人打，人数可以多至数百人，要求挥槌有狠劲，踢腿有蛮劲，转身有猛劲，跳跃有虎劲，看了叫人带劲，听了给人鼓劲。

20 世纪 50 年代，鼓人艾秀山、冯生有应邀到北京表演单人腰鼓。1951 年，安塞腰鼓又参加了全国民间音乐舞蹈会演，被选拔参加国外的比赛，也曾荣获特等奖。1986 年，获全国民间音乐舞蹈比赛创作奖，表演一等奖。1990 年，参加亚运会开幕式表演，在国内外引起巨大反响。同安塞腰鼓齐名的还有洛川蹩鼓、宜川胸鼓、富县霸王鞭等。

洛川蹩鼓是一种传统的民间鼓舞形式。蹩，蹦跳的意思。据说春秋时期就较为盛行。宜川胸鼓也是陕北流传较早的民间鼓舞之一，习惯称花鼓，具有爽朗、明快、潇洒的独特风格。它源于山西晋南，后传于宜川、洛川一带。表演人数可多可少，有男有女，舞者穿黑红色短紧袖衫，佩戴五彩蝶，头扎英雄巾，生气勃勃，英勇威武。富县霸王鞭，亦名浑身响、打花棍、金钱棍等。舞者手击花鞭，从上到下，肩、背、腰、腿、

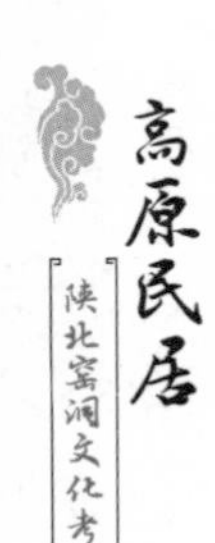

脚依次击打，起着打击伴奏的作用。今天的霸王鞭多吸收了武术动作，分高、低手鞭。一般是 16 拍和 32 拍。由于活动场地的不同，又分进行鞭、场子鞭、舞台鞭等。总之，陕北人不论生活有多苦，都会合理分配时间，利用不同的舞蹈方式来调节自己的精神生活，鼓舞热爱生活的信心，鼓也就成了他们节庆、闲暇时自娱自乐的娱乐方式。

安塞腰鼓　李诗顺摄

单人腰鼓画像砖

男女腰鼓画像砖

黄龙猎鼓

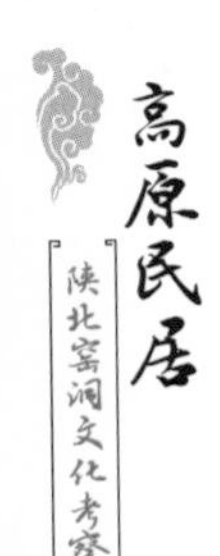

洛川蹩鼓

宜川胸鼓

10. 陕北说书

陕北说书是陕北民间文化中一种深受群众喜爱的曲艺形式，因地理因素为陕北独有，有说有唱。在窑居文化中，陕北说书很有意思，因艺人多是盲人，民间俗语说：瞎子灵，聋子怪，跛子上山比驴快。俗语虽有调侃戏谑的意味，但也说明人们承认盲人的聪慧，这可能是生理上的代偿现象。由于看不见外界的东西，不受外界干扰，思想会很集中，记忆力也随之增强。因而，那些知名的说书领军人物一般都是盲人。

陕北说书吸收了民歌小调、陕北秧歌、道情及地方戏曲，演唱内容多为宋元话本及其他演义小说。说书一般一人独当一面，怀抱三弦或琵琶，腿上绑有耍板，手腕上绑有“蚂蚱蚱”（用竹片做成枣核形式串在一起）。他们边唱边说，最适宜在田间地头、窑洞炕头表演。听众可多可少。陕北说书唱腔有平调、耍猴调、梅花调、盘道、流水、二流水、十字调、凉腔调等九腔十八调，并吸收陕北民歌、唢呐曲牌、陕北碗碗腔等曲调，形成独特风格。陕北说书曲目多为民间艺人口耳相传，长的称“书”，短的称“段”，小段叫“书帽”。1942年在作家林山、高敏夫、王宗元等人的帮助下，韩起祥创作了《张玉兰参加选举会》《刘巧儿团圆》《翻身记》等中长篇书。

不管是冬日的阳圪塄或炕头上，还是夏日的大树下、墙院里，哪里有三弦、琵琶声，哪里就会围满听书的人。艺人们说得认真，听众听得仔细，生怕漏掉一句。

人们把说书人称“书匠”。如果村里有书匠来，这个村的人就会一反常态地盼雨天、盼雪天。因为只有下雨或下雪，人们才能不误农活，可以到村里最宽敞的窑洞里去听书。窑洞的主人不但乐意让人们来，还会用茶水、瓜子好礼招待。尽管散场后满地泥巴、瓜子皮，主人还是很高兴，认为是乡亲们瞧得起，给面子。

如果本村里没有书匠，从正月起就有人去请说书匠。你家请了他家请，轮流“坐庄”。到晚上，老汉汉、老婆婆、女子、后生、小媳妇，拖儿带女的，都挤在炕上一起听书。随着艺人们的演唱，人们时而捧腹大笑，时而痛哭流涕。书场里，除了听故事，还可以听“新闻”。说书人走乡串户，见多识广，传闻野事，张家长李家短，谁家女子叫人拐走了之类的乡间野闻，经过他们添油加醋就会变得活灵活现、生动有趣，让大家听得津津有味，精神上得到满足。

陕北人爱听书其实还有主观上的原因，一是土生土长，人们自然地对其有特殊的情感；另一个就是这种说唱艺术形式本身切合陕北人的心理需求，也可把它说成是窑洞人自己的艺术。

说书　曹佃祥作

说书艺人吴占旺

11. 陕北道情

陕北道情又称道情戏或道情，分地摊坐唱和舞台表演两种形式。因地域方言不同，风格各异。陕北道情戏形成于清代晚期，流行于神木、府谷一带的叫“北路道情”；流行于子洲、清涧一带的叫“南路道情”，其旋律平和沉静，又称“古调道情”；流行于横山、子长、延川、安塞、志丹、吴起、甘泉、延长、宝塔区一带的叫“西路调”，因源于黄河之西，故有“西路道情”之称；源于山西，故曰“东路道情”。

陕北道情有传统剧目40余本，如《打经堂》《湘子出家》《刘秀走南阳》《李大开店》《汾河打雁》《张良卖布》等。陕北道情分老调和新调，俗称“旧调”“新调”，老调凄凉，苦腔居多，有“西凉调”之称；新调奔放欢快，又称翻身道情，常表现新中国成立后人民的思想感情，如《翻身道情》曲调。道情乐器伴奏除用渔鼓、梆子、手锣、水

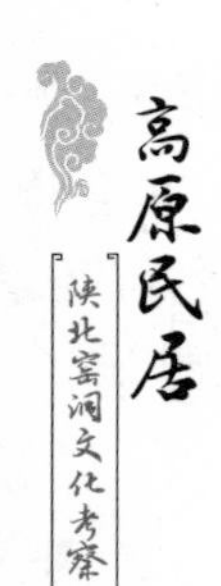

镲打击乐之外，文场伴奏乐器还有四胡、三弦、板胡、管子、笛子。延川的杨醉乡、延安的马如虎是当地有名的道情演唱艺人。唱腔有冒凉腔、耍孩调、一枝梅、十字调、平调等。板式有尖、飞、慢、滚、阴死板等。目前陕北道情日趋衰落，需要各方面的研究与传承保护，否则这一音乐形式很快就会消失。

12. 陕北民歌

陕北民歌是流传在陕北大地上的一种民间歌唱形式，分传统民歌、劳动歌曲、山歌、风俗歌曲、新民歌（革命歌曲），是全国最具影响力的民歌之一。劳动歌曲有打夯歌、劳动号子等；山歌包括信天游（也称顺天游）、小调、秧歌等；风俗歌曲分酒曲、婚礼歌、祭祀歌、丧葬歌和巫神歌等。陕北民歌内容丰富，主要是人们对爱情的追求，对美好生活的向往，对封建制度的诅咒，对革命斗争的讴歌等。陕北民歌具有浓郁的地方色彩，语言生动，旋律流畅悠扬，节奏自由明快，表达了窑洞人民的情感与愿望。如人们熟知的《兰花花》《走西口》《赶牲灵》《当红军的哥哥回来了》等优美动听的歌曲，文字多以七、九、十字为基础采取分节形式。如“你在脑畔我在沟，探不上拉话招一招手”“白羊肚子手巾包砂糖，哥哥你人穷好心肠”“巧口口说来毛眼眼照，满口口白牙，你对哥哥笑”。由于民歌多创作在生产里，在群众的生活中，因此，手法上常用月份、数字来抒情、叙事，如《十对花》《五绣》《十八把扇子》等。最有影响的是，陕北佳县农民李有源发自内心唱出的《东方红》，中国人民唱了大半个世纪，其中经久不衰的原因就是人们认可民众朴实的生活，以及人们对朴素窑洞人的理解和对伟人毛泽东的无比敬仰。

窑洞建筑的未来意义

1. 窑洞建筑的自然价值

窑洞的环境价值不仅体现了窑洞这一人类居住形式的历史贡献，而且揭示出它对于生态环境的未来意义。从可持续发展的角度上着眼，基于适宜居住的科学技术层面，在现代社会发展进程中，必须坚持窑洞建筑的朴素实用、取之自然而融于自然、益于人类生存的健康理念。要在重视窑洞建筑存在的自然、用材的巧妙、构筑的合理等方面的同时，大力发挥其生态优势，在利用土地、节能减排、保护环境等诸多学科研究的热点和前沿问题上下功夫。

科学家认为，人类最适宜的生活环境，其温度应在 16—22℃的范围内，相对湿度在 30%—75% 的范围内。据测 3—5 米厚的黄土覆盖下的窑洞，每年 4 月份和 10 月份，其窑内的温度和湿度与窑外几乎相同。夏季窑内较窑外低 11℃左右，而冬季窑内温度又较窑外高出 17℃左右。即便是在最寒冷的 1 月份，窑内由于生火做饭，温度也在 23℃左右，湿度可保持在 30%—60% 的最佳状态，接近于人的生理适应的理想范围且相对稳定。这正验证了窑居者自古以来“保温隔热，冬暖夏凉”的共识。

所以，利用地下空间、地下热能，发展窑洞建筑，对于现代民居来说，主要体现在有益于人体健康、经济实用、不占用耕地等方面。此外，我们生存的环境中，大多数能源是不能再生的，面对能源危机，窑洞建筑的节能效应也已在建筑学家、环境专家与公众三者之间取得了共识。

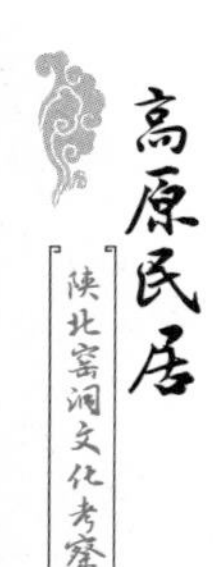

2. 窑洞建筑生态经验

随着社会经济发展，建筑科学的进步，传统的居住场所日益边缘化。考察和研究窑洞在解决农村居民的住房问题、减少占用耕地、节约建筑资源、减少建筑污染、减轻农民负担、保护传统民居等诸多方面具有理论和实践的双重意义。窑洞建筑符合现代建筑生态规律，即利用生土，就地取材，向地下争空间，不占或少占地表空间。由于窑洞多建在不宜耕种的陡崖部位，所以，窑土供修建院落、院墙使用，无须运输费用。另外，建窑遵循的生态规律具有保持水土的作用，在不会破坏自然风貌的情况下还能保护地貌。院落上下可种植有利于保护建筑和供人们生活的瓜果、蔬菜等，便于绿化，恢复植被。自古以来建窑洞无污染，能保持生态环境。建造无须专门的设计、施工，省工省事，工艺简单，无须耗费太多的财力。根据最新调查，20 年前一般土窑院单位面积每平方米用工 1.8 个，造价每平方米 12 元。一孔 27 平方米的土窑洞，土工造价 324 元，加上做门窗 5 个工日，一孔窑所需费用仅 500 元左右。时至今日，一孔窑的全部费用也不超过 5000 元。而黄土高原的人们约定俗成的传统营造窑洞方式是帮工，即属于变工的方式。谁家建窑，亲戚邻里都来帮忙，除了少量的工匠需要付费外，其他人只需管饭就行。这一民间生产习俗，在今天的市场经济条件下，仍然普遍延续着。这样看来，一孔窑几十平方米的造价尚不及我国三类城市住房的 1 平方米价格，一类城市的 0.25 平方米价格。因此，窑洞专家们呼吁：千万不要弃窑建房，别窑下山！

在现代社会，许多人不了解窑洞，窑洞的减灾功能更是无人知晓。由于土层厚，土质黏性大，板结牢固，透气性好，支撑力强，窑洞变得异常坚固，完全可以达到防空、防火、排水、防震、隐秘等标准要求。最典型的例证是，抗日战争和解放战争时期，当时位于黄土高原的中共中央所在地延安，尽管经历了敌机数十次的狂轰滥炸，但是窑洞由于其特有的建筑结构形式和黄土材质的特性，遭受到的破坏力不及其他建筑的六分之一。从有关建筑坍塌、损毁的统计资料看，陕北在战争、火灾、水灾、大地震灾害中，建筑物损毁率最低的还是窑洞。究其原因，最根本的是窑洞深入地下一面外露、受损范围受限和窑洞自身拱形的承重特性，一孔受损而又不会殃及周边窑洞的缘故。历史的经验证明，土窑洞的一般寿命在二三百年，如长期住人并加以维护可达千年。所以，从灾害学的角度讲，窑洞是最典型的减灾建筑。我们考证和研究世界建筑的发展，如果不去了解、不去研究窑洞，就等于学习现代文学而不研习古代文学一般，错过了关键的连接段。因为窑洞建筑所透析的古老文明和生态环保价值，足以让人类世代享用。

3. 窑洞建筑审美与未来意义

在这个多元个性的时代，作为传统民居之一的窑洞，对干旱气候和多种地形的适应性充分体现出生态建筑的特征。天人合一的美学观在艺术家的设计中，也将占据主导。窑洞作为黄土高原民居的主要类型，其所具有的内在逻辑与朴素美等优势，对现代建筑设计具有积极的借鉴意义。推崇窑洞建筑，是因为窑洞建筑的发展空间是任何建筑所不能替代的。如窑洞建在山崖、冲沟、深入地下，五面环包、正面斜立，窑院又建在窑顶上充分利用空间，而且能种作物、花草、健身养心，也可作为休闲娱乐、交往的室外活动场所。群居上千户、数十层，而不会相互遮挡阳光，出行尤为便利，是最适宜人居住的田园建筑之一。世界上的许多专家学者无不感慨：窑洞除了具有丰富的文化积淀，还是养生保健的理想之地，因为窑洞温度湿润宜人，一年四季变化极小；远离城市，空气新鲜、无污染，更重要的是建筑结构合理科学、简单耐用。随着经济和社会的发展，人民的生活水平不断提高，窑洞也自然而然地发生着变化：一是门窗变大，使窑洞内光线更加充足；二是现代窑洞依山而建，稳固山体，窑口（堂面）用青砖（石块）箍口，使窑洞更加美观耐用；三是窑内墙壁用白灰抹光刷白，地面改铺地板砖，防潮防鼠，清洁卫生；四是使用通风排风设施，使原始窑洞通风差的局面得到彻底改变；五是国家“村村通公路、通电、通水，有网络、有电视”政策的实施，乡村交通、通信十分便利；六是农民利用生活垃圾、秸秆、粪便建沼气池，用沼气照明、取暖、做饭，普及太阳能发电、照明、供热，更加节能环保。

分析了解陕北窑洞建筑天圆地方的美学和力学特点，才能创造出富有时代气息的新型窑洞建筑。随着国家出台了许多对百姓的优惠政策，现在黄土地上的农民经济收入与城镇居民收入差别已逐渐缩小，而生存、生活环境甚至比城镇居民优越得多。窑洞村落远离闹市，机动车辆较少，

现代砖窑

空气新鲜，无噪音，安全隐患小。窑洞村民多食杂粮、绿色蔬菜，饮食多有保健性、食疗性，健康不易生病。由于居住窑院的缘故，村民、邻里之间相互往来频繁，关系亲密和睦，人的心情好，自然就形成窑洞村民互帮互助、延年益寿的美好气氛。

窑洞在继续发挥自身功能的同时，也在经济、旅游、文化交流等方面显示出它独特的魅力。实际上，窑洞的价值不仅仅是窑洞本身，它还是艺术文化产生的母体，是联结乡间城镇化文明发展的纽带，是民间艺术传承的依托。传统的窑洞建筑是人类生土建筑的宝贵财富和遗产。在当代如何做到将窑洞建筑传承和再繁荣，成为未来黄土高原人居建筑的主体形式，在这里我们要着重阐述以下三个观点：

一是古老的窑洞千百年来一直依偎着大地，抗击着风雨的侵袭，浓缩着黄土地别样的民俗风情，它是古老文明的美好象征，是大自然赐给人类的特殊礼物。窑洞在，就有人在，有人在，就有故事和传说在。一旦人走窑空，那么，华夏文化这一支流就会断流，水土流失就会加剧，山体、植被就得不到有效的维护和保护。窑洞建筑是有生命力的建筑，其建筑结构、建筑材料、建造形式都是遵循自然科学，符合节能减排、生态环保的建筑要求，可以满足人对健康环境的需求。

二是从城镇增长和窑居退化这一突出矛盾入手，依据人居环境理论、城镇增长理论、城乡一体化理论、可持续发展理论，对窑洞内部、外部功能，力学、环境美学等角度进行具体、科学的再设计；对弃窑的恢复改造和保护，做好旧窑址的绿化和植被恢复，确保地貌不受破坏；培养公众参与意识，探寻新型窑洞民居的现代化建造模式，解放劳动力，更好地营造广大窑居人规模化窑洞建设的氛围，开发古老窑洞文化资源，丰富他们的精神文化生活；研究城镇边缘地带窑居村落的建设，将城镇建设向山体延伸，拓宽城市发展界面，探索符合城镇建设要求的新型窑洞，使传统窑居在不失原始美的前提下，以一种新的审美形式延续下去。

现代砖窑欧式窑口

现代窑洞门窗

三是必须纠正"推广窑居就是'倒退'"的错误观念。事实证明，窑洞建筑是理想人居建筑，政府应统筹规划，投入必要的财力、物力，鼓励相关机构与学者、专家联合起来对窑居进行科学的规划和建设。在确保现有农民有地种的基础上，酌情计划对城镇居民返乡种地人数比例的调控，缓解城市压力，扩大造林面积。应成立专门的窑洞建筑研究机构，找到利用有限土地资源推广生态窑洞可持续发展的最佳途径，切实解决人口和耕地争土地的矛盾。各级部门要真切理解绿色窑洞的未来意义，尽早践行，合理、系统地科学规划窑洞建筑群，拓宽其使用功能，实现窑洞扮演多类型建筑角色的转换。

古老的窑洞形成了中国民居绵长、绚丽、壮观的历史画卷，古老的窑洞以其悠久的历史和独特的风貌，卓然自立于世界民居之林。窑洞文化、艺术博大精深，只要多对其进行挖掘和研究，确立窑洞文化在中国文化中的地位以及它和现实美的关系，不断推陈出新，挖掘出对它的新的认识，窑洞建筑就会继续保持它在中国传统民居中的独特地位。

窑洞是陕北人为了适应自然条件、生产、生活所做出的自然选择。在注重环境生态可持续发展的今天，在长期的实践经历的基础上，窑洞民居仍然是最受陕北人青睐的人居建筑。鉴于窑洞生态文化研究的发展潜力巨大，内容也十分丰富，所以，对此我们特别应该注意发掘它的新内容，提出新问题，将现实与理论研究紧密结合起来，这样，对于窑洞文化研究的成效或许才会更大一些。我们要转变对窑洞建筑的认识观念，切实担负起利用地下空间建设美丽乡村、生态人居的使命，学科学、用科学，推动窑洞建筑和窑洞文化的大发展，让生土窑洞村落更加田园、更加便利，让城里人向往窑洞。

窑洞建筑是一种客观存在的美学现象，人类需要窑洞，离不开窑洞，离不开窑洞鲜活的文化和窑洞给人类所带来的健康与文明。相信在国家、当地政府和相关学者专家的共同努力下，窑洞建筑的瓜果会更加飘香。

延安宝塔区王良寺窑洞群

延安大学现代窑

关于窑洞地理、历史、文化、社会、生态等，关于窑洞里生生不息的陕北人精神世界仍有未讲完的故事，作为生长在这块土地的人们，处理好自然、人、社会之间的关系，赋予窑洞丰富的内涵和新的生命，既是追求，更是责任。

参 考 文 献

[1] 侯继尧，王军．中国窑洞 [M]．郑州：河南科学技术出版社，1999．

[2] 吴昊．陕北窑洞民居 [M]．北京：中国建筑工业出版社，2008．

[3] 郭冰庐．窑洞风俗文化 [M]．西安：西安地图出版社，2004．

[4] 袁占钊．陕北文化概览 [M]．西安：陕西人民出版社，1994．

[5] 贺欣．吴堡石城 [M]．西安：三秦出版社，2013．

[6] 董明．穿越窑洞的文明 [M]．西安：陕西旅游出版社，2005．

[7] 米脂县志编纂委员会．米脂县志 [M]．西安：陕西人民出版社，1993．

[8] 吴堡县志编纂委员会．吴堡县志 [M]．西安：陕西人民出版社，1995．

[9] 延安市地方志编纂委员会．延安地区志 [M]．西安：西安出版社，2000．

[10] 延长县地方志编纂委员会．延长县志 [M]．西安：陕西人民出版社，1991．

[11] 富县地方志编纂委员会．富县县志 [M]．西安：陕西人民出版社，1994．

[12] 洛川县地方志编纂委员会．洛川县志 [M]．西安：陕西人民出版社，1994．

[13] 黄陵县地方志编纂委员会．黄陵县志 [M]．西安：西安地图出版社，1995．

[14] 志丹县地方志编纂委员会．志丹县志 [M]．西安：陕西人民出版社，1996．

[15] 安塞县地方志编纂委员会．安塞县志 [M]．西安：陕西人民出版社，1993．

[16] 延川县志编纂委员会．延川县志 [M]．西安：陕西人民出版社，1999．

[17] 子长县志编纂委员会．子长县志 [M]．西安：陕西人民出版社，1993．

[18] 吴起县地方志编纂委员会．吴起县志 [M]．西安：三秦出版社，1991．

[19] 中共绥德县委史志编纂委员会．绥德县志 [M]．西安：三秦出版社，2003．

[20] 霍耀中，刘沛林．黄土高原聚落景观与乡土文化 [M]．北京：中国建筑工业出版社，2013．